国家自然科学基金资助项目(51574243)
中国矿业大学(北京)越崎杰出学者奖励计划资助项目(800015Z1138)
中央高校基本科研业务费专项资金资助项目(800015J6)

综放沿空煤巷破坏与控制

The Failure and Control of Gob-side Coal Roadway with Fully-mechanized Caving Mining

何富连　陈冬冬　秦宾宾　著

科学出版社

北　京

内 容 简 介

本书系统总结了作者从事沿空煤巷围岩控制研究以来的成果,从理论、技术、实践三个方面对沿空煤巷的破坏和控制进行了深入浅出的分析和论述,分析了综放沿空煤巷顶板破断特征及影响顶板离层错动的关键因素,建立了综放沿空煤巷顶板的力学模型,并研究了顶板煤岩体的破坏机制,针对宽煤柱采动影响煤巷和窄煤柱沿空煤巷分别提出和应用了分区强化控制技术和不对称调控系统,相关研究丰富了巷道围岩控制领域的理论与技术体系,对矿业科技发展具有重要意义。

本书可作为高等院校采矿工程、安全技术及工程、岩土工程等相关专业研究生和高年级本科生的教学参考书,也可供从事矿山压力方向的教师、研究人员、工程技术人员、设计人员以及相关科技管理人员阅读参考。

图书在版编目(CIP)数据

综放沿空煤巷破坏与控制 = The Failure and Control of Gob-side Coal Roadway with Fully-mechanized Caving Mining / 何富连,陈冬冬,秦宾宾著. —北京:科学出版社,2020.1

ISBN 978-7-03-063303-3

Ⅰ.①综… Ⅱ.①何… ②陈… ③秦… Ⅲ.①煤巷支护-顶板-稳定性-研究 Ⅳ.①TD353

中国版本图书馆CIP数据核字(2019)第255600号

责任编辑:李 雪 冯晓利 / 责任校对:王萌萌
责任印制:吴兆东 / 封面设计:无极书装

科 学 出 版 社 出版
北京东黄城根北街 16 号
邮政编码:100717
http://www.sciencep.com
北京九州迅驰传媒文化有限公司 印刷
科学出版社发行 各地新华书店经销
*
2020 年 1 月第 一 版 开本:720 × 1000 1/16
2020 年 1 月第一次印刷 印张:13
字数:262 000
定价:98.00 元
(如有印装质量问题,我社负责调换)

前　言

综合机械化放顶煤(简称综放)开采技术自 20 世纪被引入我国以后,发展十分迅速。随着开采技术的日益成熟,其应用范围也在不断扩大,综放开采已成为我国煤矿安全高效开采的重要技术手段和重要发展方向。目前,我国综放开采技术已走在了世界前列,在理论和应用方面也已取得了大量成果。

就目前的发展看,综放采场与巷道围岩控制的基础理论研究已日趋完善,但我国大型综放开采方式多采用条带式开采,相应的沿空煤巷围岩稳定性与控制技术成为制约综放技术进步的主要因素,传统的围岩控制技术已不能满足安全和高产高效生产的需求。因此,探索典型条件下的巷道围岩破坏机理,提出和形成具有针对性和广泛适应性的沿空巷道控制技术体系,对保障综放条带式开采的采掘接替、提高煤炭采出率和保证煤矿安全高效生产具有重要的科学和工程意义。

本书涉及综放沿空煤巷的破坏理论与控制新技术,包括综放宽煤柱采动影响煤巷和窄煤柱沿空煤巷。为满足不同层次的需求,本书采用现场调研、理论计算、数值模拟、实验室试验和现场应用实测等方法,围绕综放沿空煤巷的破坏理论和控制技术两个关键问题,分别对综放宽煤柱采动影响煤巷和窄煤柱沿空煤巷的顶板破断特征和破坏机理、新型高预应力锚索桁架结构相关理论展开一系列研究,创新性地提出了综放宽煤柱采动影响煤巷分区强化控制技术和综放窄煤柱沿空煤巷顶板不对称调控系统,并分别在大型综放开采的生产实践中进行推广和应用,为沿空煤巷围岩控制研究在科学层面上获得系统性的突破奠定坚实的基础。

我们希望读者通过阅读本书能够更容易地了解和掌握综放沿空煤巷围岩破坏的机制和规律,从而根据沿空煤巷条件选择合理的支护方式,以达到期望的控制效果,并期待本书对读者更深入研究综放沿空煤巷破坏理论与控制技术有所启迪。

本书的出版得到了国家自然科学基金资助项目综放沿空煤巷顶板不对称破坏机制与锚索桁架控制(编号:51574243)、中国矿业大学(北京)越崎杰出学者奖励计划资助项目(编号:800015Z1138)、中央高校基本科研业务费专项资金资助项目(编号:800015J6)的资助和支持,同时也得到了作者单位中国矿业大学(北京)的支持和作者课题组所有成员的帮助,以及得到了合作煤炭企业和研究团队的关心和指导,在此对所有为《综放沿空煤巷破坏与控制》出版提供帮助的单位和个人表示衷心感谢。

限于研究条件和个人水平,书中不妥之处敬请读者批评和指正。

作　者

2019 年 6 月

目　　录

第1章 绪 论

《能源发展战略行动计划(2014—2020 年)》提出,到 2020 年,国内一次能源消费总量控制在 48 亿 t 标准煤左右,煤炭消费比重控制在 62%以内。由此可见,在当前阶段我国以煤炭为主要能源的格局难以改变,煤炭仍是我国的主体能源。我国煤炭资源储量丰富,预测地质储量超过 4.5 万亿 t,其中厚煤层储量十分丰富,可采储量占生产矿井总储量的 45%左右,分布遍及全国大多数主采矿区,我国国有大中型煤矿中拥有 5m 以上厚煤层的生产矿井数量为生产矿井总数的 50%以上,综合机械化放顶煤(以下简称综放)开采具有高产、高效、经济效益显著、安全性较好等优点,该技术工艺自 20 世纪 80 年代引进我国后,经过众多科研院所和生产单位的共同努力,克服了诸多困难,取得了十分显著的进步,目前在我国煤炭行业中发挥举足轻重的作用。尤其近年来,随着开采方法不断完善和机械装备水平提高,大型综放开采特别是长达 200~300m 及以上的大型综放面已成为我国当前综放开采的重要发展方向,并已在国家能源集团、中国中煤能源集团有限公司(以下简称中煤集团)、大同煤矿集团有限责任公司(以下简称同煤集团)等推广应用且占据突出地位。

1.1 综放沿空煤巷的安全问题

目前国内大型矿区的工作面开采多为同一采区或带区的顺序开采,如此便会出现大量的沿空巷道。大型综放开采必然带来沿空巷道断面尺寸大幅度扩大,采场支承压力范围和峰值显著增加,采动影响程度剧烈和矿山压力显现严重,此时,传统煤巷矿压理论与控制技术已经不能完全满足新的综放开采生产技术条件下沿空煤巷围岩破坏控制的要求,出现了新型的矿山压力显现难题。

我国矿井长期以来一直沿用在工作面之间留设一定宽度煤柱的方法进行开采,其煤柱留设宽度一般为 15~35m,煤柱损失高达 10%~30%,由区段煤柱引起的煤炭资源损失问题早已引起国内外学者和工程技术人员的关注,国家能源集团、中煤集团、冀中能源集团有限责任公司(以下简称冀中能源)等大型煤炭企业也纷纷做了大量的研究工作,开始小煤柱巷道的工程实践工作。留设小煤柱虽大幅度提高了煤炭回收率,但由于煤柱宽度减小,导致巷道围岩应力值升高,顶板与两帮的压力增大,使其更容易发生塑性破坏进入破碎状态,而传统的支护方案可能已不能满足现在的支护需求,无法保证巷道的稳定性。

综放开采的采出率直接决定综放技术的经济合理性和矿井的寿命，而煤柱留设的合理性和稳定性直接影响煤矿开采的安全性和采出率。长久以来，自20世纪50年代始，国内外专家学者对沿空掘巷和沿空留巷技术展开研究和实践，其中受采动影响的沿空巷道和窄煤柱沿空巷道围岩控制技术是沿空巷道研究的重点和难点，也取得了大量生产实践和理论研究成果，但是在大型超长综放工作面沿空巷道的破坏机理和控制技术方面的研究仍有欠缺。

作者在多年现场采矿实践中发现，大型综放沿空煤巷随着煤柱宽度的减小，顶板铅垂方向下沉破坏相对于巷道横截面铅垂中心轴呈现不对称性，沿水平方向形成不对称挤压-松动扩容作用破碎带，出现大量支护结构失效损毁乃至恶性冒顶等矿压现象，严重制约了大型综放高产高效开采的进一步发展。事实上，有关矿山压力难题对传统的综放沿空煤巷顶板破坏机制及相应的控制理论与技术形成了极大的挑战。因此，有针对性地开展深入系统研究综放沿空煤巷破坏与控制具有刻不容缓的必要性和紧迫性。

1.2　沿空煤巷的分类

沿空煤巷根据煤柱的宽度可以分为三类：完全沿空煤巷、窄煤柱沿空煤巷、宽煤柱沿空煤巷(图1-1)。

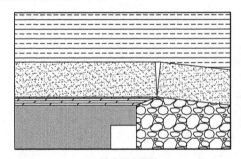

(a) 完全沿空煤巷

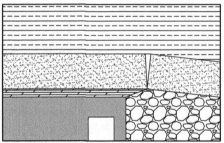

(b) 窄煤柱沿空煤巷

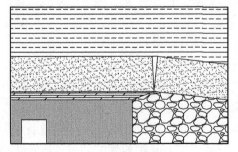

(c) 宽煤柱沿空煤巷

图 1-1　沿空煤巷类型

完全沿空煤巷位于采空区边缘的煤体，巷道一帮为采空区碎落矸石。完全沿空煤巷处于侧向支承压力边缘的应力降低区，巷道应力环境较好。窄煤柱沿空煤巷和宽煤柱沿空煤巷掘进后，在高应力作用下，煤体强度急剧下降，引起煤柱帮向巷道内的剧烈位移。巷道实体煤帮在掘巷之前为承受高压的弹性区，掘巷之后，支承压力分布向内部转移，在煤体边缘形成新的破碎区、塑性区和弹性区，煤体破碎过程中实体煤帮变形同样剧烈；巷道两帮变形的同时，顶板下沉、底板膨起。若煤柱宽度选择得当可使巷道处于应力降低区，巷道应力环境优化，煤柱帮变形较为稳定，实体煤帮具有一定的承载能力，变形过程也较为缓和。若煤柱尺寸选择不当，不仅在掘巷期间围岩明显变形，在工作面回采期间，由于工作面开采动压影响，工作面超前巷道围岩会出现较大的变形。

1.3　综放沿空煤巷围岩破坏与控制研究进展

针对综放沿空煤巷围岩破坏与控制方面的研究，国内外学者从采矿、工程地质、力学等学科的不同视角，对综放沿空煤巷矿压显现特征及其影响因素、顶板破坏失稳及力学机制、围岩控制理论与技术等方面进行了有益的探索。

综放沿空煤巷矿压显现特征与其外部工程岩体环境、内部岩性结构、采掘活动过程中应力位移场分布、支护模式等有着密切的关系。国内外学者通过调查研究、理论分析、试验研究和数值模拟等方法，对综放沿空煤巷围岩性质结构、围岩力学环境、围岩裂隙拓展演化特征、围岩表面与深部变形规律、巷道维护特点等进行了大量研究[1-3]。但随着综放面大型化和区段煤柱趋小化，沿空煤巷顶板在铅垂和水平方向矿压显现相对于巷道横截面中心轴呈现出越来越大的不对称性，导致传统的对称支护方法已不能满足综放沿空煤巷围岩变形破坏控制的需求。目前，关于巷道不对称破坏方面的研究主要针对深井软岩、碎裂岩体等静压巷道，例如，在地应力场方面，研究了巷道稳定性与地应力方向之间的关系，侧压系数对巷道变形及周边应力分布规律的影响[4,5]；在岩层产状方面，建立了大倾角煤层采场的力学模型，研究了大倾角煤层巷道不对称破坏特征及破坏机制[6]。在其他方面，针对含弱结构的巷道围岩变形破坏的不均衡性，定量评价了破碎岩体巷道的非均匀变形破坏特征，总结了深部岩层巷道不对称变形的力学机制，即高应力扩容力学机制、结构变形力学机制和物化膨胀力学机制[7,8]。由于综放开采问题的复杂性，目前对受采动影响强烈的综放区段，尤其是大型综放区段沿空煤巷顶板煤岩体出现的不对称破坏相关理论研究还不多见。因此，针对综放沿空煤巷实际情况，有必要对其工程岩体和采动环境进行有针对性的深入系统分析，探究综放沿空煤巷顶板不对称矿压现象与各影响因素的相关性、关联度及主控因素。

综放沿空煤巷上覆岩层与综放面的上覆岩层为同一岩层，其破坏特征及活动规律与上区段工作面和本区段工作面回采时上覆岩层的断裂特征及活动规律紧密联系，但又具有其自身的特点和规律。国内外学者对采场上覆岩层破断特征和活动规律开展了大量的研究，建立上覆岩层开采后"砌体梁"式平衡的结构力学模型，为采场矿山压力控制奠定了基础；提出采场上覆岩层活动中的关键层理论，形成了关键层的判别标准；建立"S-R"稳定力学模型，对顶板岩层断裂后呈现的关键岩块滑落与回转变形失稳进行了研究[9,10]；揭示采场顶板岩层内、外应力场分布及演化规律，研究采场顶板岩层移动规律与矿山压力分布，导出岩梁"给定变形"和"限定变形"位态方程，研究采场覆岩破断型式和失稳条件[11-13]；利用线弹性断裂力学、岩体力学、弹塑性力学理论，对采空区基本顶的板式结构"O-X"型破断方式进行分析，建立了采场侧向基本顶弧形三角块力学模型，分析了基本顶结构破坏极限值范围[14,15]；深入探究综放条件下采场结构力学模型特征，讨论了综放高效安全开采的条件[16]；建立综放沿空巷道围岩结构力学模型，研究其变形破坏力学响应特征[17,18]。上述科研成果为进一步探究大型综放区段沿空煤巷顶板动态破坏特征及力学机制奠定了基础，未来研究工作的重要进展将根据综放沿空煤巷沿巷道中心轴两侧矿山压力显现存在较大不对称性，建立煤巷上覆岩层空间结构的整体力学模型以研究覆岩运动规律和破坏型式，探究采掘过程中综放沿空煤巷顶板应力位移场时空演化规律及其动态破坏力学响应特征，进而揭示综放沿空煤巷顶板不对称破坏机制。

在巷道稳定性控制理论方面，国内外学者通过现场研究、理论分析、试验研究、数值模拟等手段，提出了多种支护理论，如新奥法理论、围岩松动圈理论、联合支护理论、围岩强度强化理论、高预应力强力支护理论等，为巷道支护体系的发展奠定了理论基础[19-23]。例如，基于极限强度理论得出"刚性"煤柱设计法和依据渐进破坏理论得出"屈服"煤柱设计法，对煤柱受力与屈服行为、煤柱强度理论、煤柱载荷理论、煤柱宽度及稳定性进行了系统研究[24-28]；提出综放沿空掘巷围岩卸压控制机理和围岩大、小结构稳定性原理，建立综放沿空掘巷围岩稳定性影响因素的隶属函数模型，并运用新型侧向支承压力监测方法，为综放沿空掘巷的支护方式和支护参数的合理选择提供科学依据[29-33]。在矿业工程实践中，大型综放的沿空煤巷顶板变形破坏在窄煤柱条件下呈现极为严重的不对称性，致使传统的对称式支护结构与沿空煤巷不对称矿压显现之间的矛盾更加突出，而目前针对巷道不对称控制方面提出的关键部位耦合支护理论、巷道围岩弱结构与弱结构体的概念及其他不对称控制理论大都局限于高应力软岩、破碎岩体、大倾角岩层等非综放沿空煤巷顶板条件[34-36]。因此，研究新的锚索桁架支护构型对综放沿空煤巷顶板不对称变形破坏的调控关系并形成相应控制系统，对深入发展完善综放沿空煤巷围岩不对称控制体系具有重要的科学价值。

1.4 沿空煤巷煤柱宽度研究进展

煤柱宽度对巷道稳定性的影响主要有两个方面：一是煤柱宽度影响巷道围岩应力；二是煤柱宽度影响巷道围岩完整性。国内外在沿空煤巷煤柱研究方面做了大量工作，取得了很多成果。沿空煤巷从20世纪50年代开始研究和应用，在煤柱宽度的优化方面取得了主要有益的结论如下。

(1)窄煤柱沿空煤巷的巷道位置处于侧向残余支承压力峰值附近，掘巷扰动了侧向支承压力分布，因而窄煤柱沿空煤巷不仅在掘进期间围岩强烈变形，而且在掘后稳定期间仍保持较大的变形速度。

(2)窄煤柱沿空煤巷因窄煤柱破碎，煤柱支撑作用极小，导致巷道压力增大、维护困难。

(3)窄煤柱裂隙发育甚至破碎，不同程度存在漏风现象。

(4)窄煤柱改善巷道掘进条件，对加快掘进速度及隔离采空区是有利的。

关于巷道宽度与巷道围岩稳定性之间的关系，国内外许多学者和现场技术人员做了很多研究，由于地质条件和开采条件的不同，对煤柱的合理宽度认识有较大差别，合理煤柱宽度从1～5m直到20～30m不等。有研究学者提出用智能决策系统和人工神经网络选择煤柱宽度的方法，并认为在20MPa垂直应力的作用下，一侧采空后煤体内的塑性区宽度达到5～8m，采用5m左右的窄煤柱不能保证巷道和煤柱安全使用。1996年，煤炭工业部科技教育司与澳大利亚岩层控制技术公司合作在东庞煤矿开展煤巷锚杆支护技术研究[37]，岩层控制技术公司计算结果为：在煤体侧距采空区13m的岩层中存在一组裂隙，窄煤柱沿空煤巷在掘巷时巷道处于裂隙区，受采动影响后不能保证巷道安全，认为煤柱宽度应大于15m。国内学者总结出了很多行之有效的煤柱合理尺寸确定的方法，主要集中以下几种。

(1)对大量实测结果的数理统计、归纳推理得出不稳定围岩条件下煤柱尺寸。

(2)用矿山压力规律留设各种煤柱的方法及经验公式对煤柱合理的尺寸进行分析。

(3)用现场实测煤柱支承压力分布方法分析给出煤层回采巷道的合理煤柱宽度范围。

(4)用有限元计算软件分析确定煤柱合理尺寸。

(5)根据岩体的极限平衡理论推导出煤柱保持稳定状态时的宽度计算公式。

(6)从理论上推导出了三维应力状态下估算煤柱塑性区宽度的理论公式。

由于煤矿综放开采条件的复杂性，至今世界各国还没有一种公认的煤柱的设计标准。以上方法都有一定的局限性，因此在进行煤柱宽度设计时要考虑多方面的影响因素综合确定。

1.5 锚杆(索)支护技术发展历程及趋势

1.5.1 锚杆(索)支护技术发展历程

锚杆支护技术最早在西欧和中欧的一些主要产煤国家应用。20世纪末,金属支架为主要的巷道支护技术,随着开采深度的增加和开采条件的日趋复杂,巷道维护困难、支护成本增加。为降低生产成本,锚杆支护得到大力推广应用。英国在1987年以前,煤矿巷道90%以上采用矿工钢拱形支架支护,工作面单产低、效率低、巷道支护成本高、企业亏损严重,1987年引进澳大利亚成套锚杆支护技术,渐形成适应本国煤矿地质条件的锚杆支护技术,截至2001年,巷道锚杆支护所占的比重超过85%。德国是U型钢支架使用最早、技术上最成熟的国家,但是随着矿井开采深度日益增加和机械化开采带来的断面增大,巷道变形严重,维护困难,20世纪80年代初,鲁尔矿区煤巷锚杆支护试验取得成功,目前在千米深井中也得到推广应用。法国煤巷锚杆支护发展较快,1986年其比重就达到50%以上。俄罗斯研究了各种类型的锚杆,在库兹巴斯矿区锚杆支护所占比重也达到50%以上。澳大利亚和美国煤矿井下的巷道几乎100%使用锚杆支护。

我国煤矿锚杆支护技术经历了从低强度到高强度、高预应力支护的发展过程。在大量理论分析、实验室试验、数值模拟及井下试验研究成果的基础上,进一步深化了对锚杆支护作用本质的认识。随着开采深度的增加及地质条件的复杂化,加上煤巷的顶板破碎严重,单纯的锚网索支护已经不能满足煤矿煤层巷道支护的现状需求。为保证煤层巷道的安全,在支护技术方面,目前我国也开始开始探索新型的支护形式如下。

(1)喷射混凝土支护、锚喷混凝土加金属网支护等,在这类支护形式中,锚杆与围岩形成锚岩加固体,喷射混凝土及金属网封闭并补强围岩。

(2)锚杆和钢筋梯子梁联合支护、锚杆和钢带组合支护等,这类支护方式是将多根锚杆组合成一体,形成群锚效应,提高锚固体的强度,维护围岩稳定性。

(3)锚杆(索)支护通过锚杆来加固浅部松动岩层,锚索加固深部潜在冒落岩层。

1.5.2 锚杆(索)支护技术发展趋势

虽然我国锚杆(索)支护技术在过去几十年取得了很大的进步与发展,但仍存在许多问题,需要今后逐步完善与提高。

(1)进一步细化和深化锚杆(索)支护作用机理的研究。

虽然我国学者在锚杆(索)支护机理方面做了大量细致的工作,提出了多种支护理论,有效地解决了不少现场应用的实际问题,但是由于巷道地质条件的多样化与复杂化,对锚杆(索)支护机理的认识仍缺乏全面性、系统性,缺乏细化的、深入的试验研究。尤其是对深部高应力巷道、极破碎围岩巷道等复杂地质条件下支护作用机理的研究仍不够，因此，针对我国不同条件下巷道支护的研究，我们还需要投入更多的精力。

(2)积极开展巷道围岩地质力学测试和超前地质预报。

巷道围岩地质力学参数，包括地应力、围岩强度和结构，是锚杆(索)支护设计的重要基础参数，是保证锚杆(索)支护合理、有效、可靠、安全的前提条件。但是，目前我国仅有一部分矿区进行了比较全面、系统的测试工作，很多矿区缺乏锚杆(索)支护必要的基础参数，设计的合理性与可靠性无法得到保证。目前，有效的巷道地质构造超前预报手段还是短板，掘进过程中遇到地质构造时只是临时采取措施，极易导致冒顶、片帮事故发生。

(3)锚杆(索)支护设计方法的研究与推广。

锚杆(索)支护设计方法已经从过去简单的经验法、理论计算法，发展到现在以数值计算、现场监测为基础的动态信息设计法。但是，目前许多矿区还是以经验法为主，设计是静态的，不重视监测数据的收集、分析与反馈。有的矿井甚至不管巷道地质与生产条件如何，都采用一种支护形式和参数，导致巷道冒顶事故时有发生。因此，我国煤矿应大力推广先进的设计方法，使现场工程技术人员能够掌握和实际应用，并不断改进与提高。

(4)锚杆(索)支护材料多样化、系列化与标准化。

虽然高强度锚杆、小孔径锚索等支护材料已经得到大面积使用，但还存在锚杆、锚索形式单一、加工工艺落后及产品质量不稳定等弊端。首先，应根据我国煤巷条件，从材料和结构上开发不同形式的锚杆、锚索及组合构件，以满足不同巷道条件的需要；其次，应改进和更新支护材料加工设备与工艺，提高加工水平。

(5)锚杆(索)支护施工机具的改进、提高与新产品开发。

我国在单体锚杆钻机方面做了大量工作，开发了多种产品。但是由于煤巷地质与生产复杂多变，现有的锚杆钻机还不能完全满足使用要求，无论是性能与质量都还需要完善与提高。例如，开发大扭矩锚杆钻机用以锚杆预紧力，开发适用于巷道底板钻孔的锚杆钻机，满足治理底臌的需要。同时，掘锚联合机在国外已经普遍应用，为巷道快速掘进和支护创造了极为有利的条件。

(6)锚杆(索)支护施工质量检测与矿压监测仪器的改进、提高与新产品开发。

在锚杆(索)支护施工质量方面，需要研制非接触、无损质量检测仪器，以达到快速、准确、大面积检测的目的。在矿压监测仪器方面，应进一步提高仪器的稳定性和可靠性，推广应用矿压综合监测系统，实现监测数据的自动收集、传输与地面监控。

1.6 综放沿空煤巷围岩控制的难题

大型集约化综放开采是厚煤层高产、高效、高安全开采的重要发展方向,但相应的大规模高强度综放回采巷道必然面临大断面、强采动支承压力和厚煤顶等围岩控制难题。具体难题和强矿压显现主要有如下几个方面。

(1)大规模高强度综放开采必然导致工作面超前和侧向支承压力峰值强度升高,影响范围更大,影响程度更加剧烈。

(2)大型综放面区段运输巷既要承担综放面安装时的设备运输任务,又要在回采时承担皮带和轨道运输、通风兼行人等功能,设备的大型化和综放面需风量等要求巷道要有更大的断面方能满足生产的要求。

(3)大断面综放巷道跨度的增加使顶板承受应力和变形成平方和立方增长,使得巷道顶板中部拉应力和两帮上角剪应力的集中,易于造成顶板张拉开裂和帮角处剪切破坏,如图 1-2(a)所示。

(4)综放巷道为全煤巷道,煤体层理和节理裂隙发育,岩体本身强度低,承载能力相对较弱,在高采动支承压力作用下,大断面巷道煤帮受力增加,易造成巷帮向巷道内部变形,出现底臌和片帮。

(5)在强采动应力影响下,传统煤柱布置的大断面综放煤巷巷道变形显现出垂直下沉和水平挤压运动的新特征,即以巷道轴向为轴显现出明显的非对称性,当煤柱宽度进一步缩减时,采动影响更为剧烈,则可能发生支护系统大范围损毁、变形和恶性冒顶事故,如图 1-2(b)所示。

(6)传统锚杆索支护不能适应新规律,对巷道围岩控制理论与技术提出了新的挑战。

(a) 顶板加固修复后大变形　　　　　　(b) 煤帮大变形破坏

图 1-2　强采动影响煤巷支架—围岩变形破坏实例

参 考 文 献

[1] 侯朝炯, 李学华. 综放沿空掘巷围岩大、小结构的稳定性原理[J]. 煤炭学报, 2001, 26(1): 1-7.

[2] 王卫军, 冯涛, 侯朝炯, 等. 沿空掘巷实体煤帮应力分布与围岩损伤关系分析[J]. 岩石力学与工程学报, 2002, 21(11): 1590-1593.

[3] 康红普, 王金华, 林健. 煤矿巷道支护技术的研究与应用[J]. 煤炭学报, 2010, 35(11): 1809-1814.

[4] Gale W J, Blackwood R L. Stress distributions and rock failure around coal mine roadways[J]. International Journal of Rock Mechanics and Mining Sciences and Geo-mechanics Abstracts, 1987, 24(3): 165-173.

[5] 陈炎光, 陆士良. 中国煤矿巷道围岩控制[M]. 徐州: 中国矿业大学出版社, 1994.

[6] 伍永平, 解盘石, 任世广. 大倾角煤层开采围岩空间非对称结构特征分析[J]. 煤炭学报, 2010, 35(2): 182-184.

[7] 何满潮, 王晓义, 刘文涛, 等. 孔庄矿深部软岩巷道非对称变形数值模拟与控制对策研究[J]. 岩石力学与工程学报, 2008, 27(4): 673-678.

[8] Adhikary D P, Dyskin A V. Modelling the deformation of underground excavations in layered rock mass[J]. International Journal of Rock Mechanics & Mining Science, 1997, 34(3/4): 714.

[9] 钱鸣高. 岩层控制与煤炭科学开采文集[M]. 徐州: 中国矿业大学出版社, 2011.

[10] 钱鸣高, 张顶立, 黎良杰, 等. 砌体梁的 "S-R" 稳定及其应用[J]. 矿山压力与顶板管理, 1994(3): 6-10.

[11] 唐春安, 徐曾和, 徐小荷. 岩石破裂过程分析 RFPA^{2D} 系统在采场上覆岩层移动规律研究中的应用[J]. 辽宁工程技术大学学报(自然科学版), 1999, 18(5): 456-458.

[12] Qian M G, He F L, Miao X X. The system of strata control around longwall face in China[C]. Proceeding: 96 International Symposium on Mining Science and Technology, 1996: 15-18.

[13] 姜福兴, 宋振骐, 宋扬. 老顶的基本结构形式[J]. 岩石力学与工程学报, 1993, 12(4): 366-379.

[14] 蒋金泉. 采场围岩应力与运动[M]. 北京: 煤炭工业出版社, 1993.

[15] 柏建彪. 沿空掘巷围岩控制[M]. 徐州: 中国矿业大学出版社, 2006.

[16] 宋振骐, 陈立良, 王春秋, 等. 综采放顶煤安全开采条件的认识[J]. 煤炭学报, 1995, 20(4): 356-360.

[17] 蒋金泉, 秦广鹏, 刘传孝. 综放沿空巷道围岩系统混沌动力学特征研究[J]. 岩石力学与工程学报, 2006, 25(9): 1755-1764.

[18] 朱川曲, 王卫军, 施式亮. 综放沿空掘巷围岩稳定性分类模型及应用[J]. 中国工程科学, 2006, 8(3): 35-38.

[19] Aydan O. The Stabilization of Rock Engineering Structures by Bolts[M]. Rotterdam: A.A. Balkema, 1989.

[20] 董方庭, 宋宏伟, 郭志宏. 巷道围岩松动圈支护理论[J]. 煤炭学报, 1994, 19(1): 21-32.

[21] 侯朝炯, 勾攀峰. 巷道锚杆支护围岩强度强化机理研究[J]. 岩石力学与工程学报, 2000, 19(3): 342-345.

[22] 王金华. 全煤巷道锚杆锚索联合支护机理与效果分析[J]. 煤炭学报, 2012, 31(1): 1-7.

[23] 康红普, 王金华, 林健. 高预应力强力支护系统及其在深部巷道中的应用[J]. 煤炭学报, 2007, 32(12): 1233-1238.

[24] 柏建彪, 侯朝炯, 黄汉富. 沿空掘巷窄煤柱稳定性数值模拟研究[J]. 岩石力学与工程学报, 2004, 23(20): 3475-3479.

[25] Cauvin M, Verdel T, Salmon R. Modeling uncertain ties in mining pillar stability analysis[J]. Risk Analysis, 2009, 29(10): 1371-1380.

[26] Jaiswal A, Shrivastva B K. Numerical simulation of coal pillar strength[J]. International Journal of Rock Mechanics and Mining Sciences, 2009, 46(4): 779-788.

[27] Poulsen B A. Coal pillar load calculation by pressure arch theory and near field extraction ratio[J]. International Journal of Rock Mechanics and Mining sciences, 2010, 47(7): 1158-1165.

[28] Tawadrous A S, Katsabanis P D. Prediction of surface crown pillar stability using artificial neural networks[J]. International Journal for Numerical and Analytical Methods in Geomechanics, 2007, 31(7): 917-931.

[29] 何富连, 陈建余, 邹喜正, 等. 综放沿空巷道围岩卸压控制研究[J]. 煤炭学报, 2000, 25(6): 589-592.

[30] 李学华. 综放沿空掘巷围岩稳定控制原理与技术[M]. 徐州: 中国矿业大学出版社, 2008.

[31] 柏建彪, 王卫军, 侯朝炯, 等. 综放沿空掘巷围岩控制机理及支护技术研究[J]. 煤炭学报, 2000, 25(5): 478-481.

[32] 张农, 李学华, 高明仕. 迎采动工作面沿空掘巷预拉力支护及工程应用[J]. 岩石力学与工程学报, 2004, 23(12): 2100-2105.

[33] 王德超, 李术才, 王琦, 等. 深部厚煤层综放沿空掘巷煤柱合理宽度试验研究[J]. 岩石力学与工程学报, 2014, 33(3): 539-548.

[34] 何满潮, 齐干, 程骋, 等. 深部复合顶板煤巷变形破坏机制及耦合支护设计[J]. 岩石力学与工程学报, 2007, 26(5): 987-993.

[35] 樊克恭, 蒋金泉. 弱结构巷道围岩变形破坏与非均称控制机理[J]. 中国矿业大学学报, 2007, 36(1): 54-59.

[36] Cai M, Kaiser P K. Rock support for deep tunnels in highly stressed rocks[C]//Harmonising Rock Engineering and the Environment, 12th ISRM International Congress on Rock Mechanics, Beijing, 2012.

[37] 赵增辉. 煤巷锚杆支护及快速掘进技术发展展望[J]. 河北煤炭, 2001(4): 4-5.

第 2 章 综放沿空煤巷顶板破坏特征

综放沿空煤巷是一类比较特殊的巷道，在矿井使用留煤柱护巷时，煤柱可分为两类：一类是在上区段工作面回采完毕后，相隔采空区一定距离掘进下区段巷道形成护巷煤柱；另一类是在上区段回采工作尚未完成时已完成下区段巷道掘进，形成将受多次采动影响的护巷煤柱。近年来，随着矿井开采强度加大，采掘接替矛盾突出，留设第二类煤柱的情况有增加的态势，在这种情况下，巷道依次受到相邻工作面和本工作面回采导致的两次动压影响，巷道围岩受力更加复杂，顶板和两帮的变形和破坏形式和机理也更加多样化，客观上将明显增加巷道支护难度。本章主要介绍了综放沿空煤巷顶板破坏形式和机理、宽(窄)煤柱综放沿空煤巷顶板的破坏特征和内部裂隙发育特征及影响顶板离层错动的关键因素。

2.1 巷道顶板离层错动形式

传统意义上巷道顶板的离层可以分为深部离层和浅部离层，深部离层主要发生于巷道顶板相对煤层较深的部位，一般指锚索锚固区域范围内岩层的离层，而浅部离层主要产生于顶煤或锚杆锚固区域内的煤岩层离层。也有学者依据离层位置在巷道宽度方向上的不同将离层分为巷道中部离层、煤柱侧离层及实体煤侧离层三种，如图 2-1 所示。

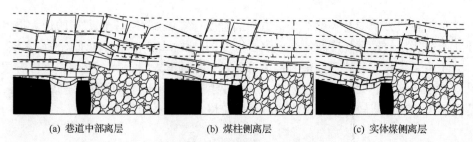

(a) 巷道中部离层　　　　　　　(b) 煤柱侧离层　　　　　　　(c) 实体煤侧离层

图 2-1　巷道顶板离层形式

其中中部离层是由于巷道中部无直接承载体，当早期支护不及时或后期支护补强力度不充足时，将会出现中部顶板岩层破碎下沉，此时巷道中部变形显著大于巷道两帮顶板变形，如图 2-1(a)所示。煤柱侧离层是由于煤柱经受多次采动影响，煤柱内煤体多处于破碎状态，对煤柱的支护及保护措施不当将会导致煤柱侧顶板变形较大，并且随着回采工作的进行采空侧顶板岩层结构的运动也会对巷道煤柱侧顶板造成直接的影响,如图 2-1(b)所示。实体煤侧离层是由于对实体煤帮支护力度不够,造成煤壁松动范围不断扩大,并向煤体内部延伸,导致片帮,部分煤体退出对巷道顶板的承载作用,此时的巷道顶板悬露跨度大幅增加,顶板岩层极有可能于煤壁上方断裂形成简支边界,煤壁上方顶板离层量大于巷道中部和煤柱侧顶板,如图 2-1(c)所示。

2.2　巷道顶板离层错动机理

2.2.1　巷道顶板离层的力学分析

如图 2-2 所示,为巷道上方沿垂直顶板方向的离层模型,具体受力分析如下。

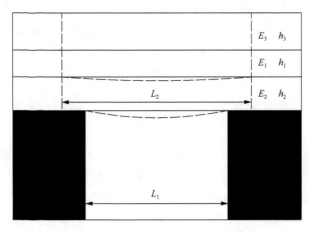

图 2-2　巷道上方离层的力学分析模型

依据材料力学中有关梁在垂直方向的挠度计算可知,当上位岩层的最大挠度小于下位岩层的最大挠度时才会产生岩层面的分离,即在沿岩层面垂直方向离层。

上位岩层和下位岩层的最大挠度可通过公式计算求得,其中上位、下位岩层计算挠度时选取的梁跨度分别为 L_1、L_2,主要是考虑到下位岩层直接与煤层接触,煤层强度相对岩层较低,下位岩层岩梁的跨度可按巷道的跨度 L_2 计算:

$$w_{1\max} = \frac{(\gamma_1 h_1 + q_1) L_1^4}{384 E_1 I_1} \tag{2-1}$$

$$w_{2\max} = \frac{L_2^4}{384 E_2 I_2} \tag{2-2}$$

$$L_1 = L_2 + 2h\cot\left(45° + \frac{\varphi}{2}\right) \tag{2-3}$$

式中，w_{1max}、w_{2max} 为上位、下位岩层的最大挠度；q_1 为施加于上位岩层上的载荷，kN；γ_1 为上位岩层容重，kN/m^3；L_2 为巷道跨度，m；h_1 为上位岩层厚度，m；E_1、E_2 分别为上位、下位岩层的弹性模量，MPa；I_1、I_2 分别为上位、下位岩层的惯性矩，m^4；φ 为岩层内摩擦角，(°)；h 为巷道高度，m。

当满足上位岩层的挠度小于上位岩层的挠度时即会在层间形成离层，即当满足条件(2-4)时：

$$w_{1max} \leqslant w_{2max} \tag{2-4}$$

即

$$\frac{\left(\gamma_1 h_1 + q_1\right) L_2^{\,4}}{384 E_1 I_1} \leqslant \frac{h_2 \gamma_2 L_1^{\,4}}{384 E_2 I_2} \tag{2-5}$$

式中，γ_2 为下位岩层容重，kN/m^3；h_2 为下位岩层厚度，m。

令 $q_1 = \gamma_3 h_3$ ， $h_3 = \alpha h_1$ ， $I_1 = \dfrac{1}{12} b h_1^{\,3}$ ， $I_2 = \dfrac{1}{12} h_2^{\,3}$ ，代入可得

$$\frac{\sum h}{h_1} \leqslant \sqrt{\frac{E_1 \gamma_1 L_2^{\,4}}{E_2 (\gamma_1 + \alpha \gamma_3)}} \tag{2-6}$$

式中，γ_3 和 h_3 分别为 q_1 转化的岩层容重及厚度。

借鉴采场中基本顶岩梁关键层理论，以煤巷顶煤为基层，计算上覆岩层对煤层顶板的载荷，即

$$\left(q_n\right)_1 = \frac{E_1 h_1^{\,3} \left(\gamma_1 h_1 + \gamma_2 h_2 + \cdots + \gamma_n h_n\right)}{E_1 h_1^{\,3} + E_2 h_2^{\,3} + \cdots + E_n h_n^{\,3}} \tag{2-7}$$

式中，E_1，E_2，$\cdots$，E_n 分别为第 1, 2, $\cdots$, n 层岩层的弹性模量；GPa；γ_1，γ_2，$\cdots$，γ_3 分别为第 1, 2, $\cdots$, n 层岩层的容重，kN/m^3。

2.2.2　煤岩层沿层面错动力学分析

煤岩层在采动影响下沿层面的水平错动对巷道顶板结构的影响甚大，增加了采动煤巷围岩控制的难度。采动影响巷道上方煤岩均以层状存在，受到采动影响，巷道上方煤岩层离层均伴有错动现象。巷道开掘之前煤岩层为一体，可以判断煤岩层沿层面的错动对离层的形成创造了先决条件。

结合材料力学，将巷道上覆岩层看成两端固支的岩梁结构，煤岩层沿层面错动需满足作用于岩层面剪应力要大于岩层之间的黏结力，即满足式(2-8)的要求：

$$\tau \geqslant \sigma \tan\varphi + C \qquad (2\text{-}8)$$

式中，τ 为层面的剪应力，MPa；σ 为层面正应力，MPa；C 为层面内聚力，MPa。

引入错动失稳系数 K_C：

$$K_C = \frac{\tau + T_{AB}}{\left(\sigma^* + f_{AB}\right)\tan\varphi + C} > 1 \qquad (2\text{-}9)$$

式中，σ^* 为考虑采动影响下顶板煤岩层的层面正应力，MPa；T_{AB} 与 f_{AB} 分别为作用于顶板岩层的水平力与垂直力，MPa。

由上述分析可知，静压巷道内只有当巷道顶板岩层面内任一点的剪应力满足式(2-8)时顶板岩层发生错动；采动影响下按式(2-9)计算顶板岩层的错动失稳系数，并且满足 $K_C > 1$ 时，即会产生岩层面的错动，对控制采动煤巷顶板的离层错动可从 $K_C < 1$ 入手。

2.3　综放宽煤柱沿空煤巷顶板破坏特征

2.3.1　矿压显现特征

以山西中煤华晋能源有限责任公司(以下简称中煤华晋公司)王家岭煤矿为例，该矿所采煤层为 2#煤，该煤层较平缓，平均倾角为 3°，为近水平煤层；局部含 1～2 层炭质泥岩、泥岩夹矸；煤层上方为 2.0m 砂质泥岩，节理裂隙发育；砂质泥岩上方为完整度较好的细砂岩，厚度达 9.6m，为上覆岩层的主要持力层，底板为泥岩，厚度为 1.61m。典型综放宽煤柱沿空煤巷矿压显现具体表现如下。

(1)实体煤帮挤出量大。超前采动应力影响下，实体煤帮出现碎裂或大块片帮形成网兜现象，挤出量大，为 300～400mm。个别位置玻璃钢锚杆随网兜挤出，托盘接实体煤帮不实，支护效果降低，如图 2-3(a)所示。

(2)煤柱帮矿压显现突出。煤柱帮矿压显现现象较其他位置严重。煤柱帮挤出量大，为 300～600mm。大块片帮煤体形成网兜，四处发生网兜内煤体重量超过金属网强度，网兜发生撕裂破坏。锚杆悬漏，彻底失去了锚杆效果，个别锚杆或托盘扭曲严重。如图 2-3(b)所示。

(3)顶板肩角切落。顶板在肩角处发生切落，顶板切落量达 350mm。肩角处锚杆拉断，钢筋梯子梁整体结构撕裂。同时，伴随有肩角煤体冒落和锚网撕裂，如图 2-3(c)所示。

(4)顶板漏冒量大。顶板多处发生锚杆索失效，钢筋梯子梁扭曲、结构断裂，漏冒高一般为 200～600mm，如图 2-3(d)所示。

(a) 实体煤帮挤出量大

(b) 煤柱帮锚杆失效与锚网撕裂

(c) 顶板肩角切落

(d) 顶板漏冒顶

图 2-3　综放宽煤柱沿空煤巷破坏状况

采动影响下综放宽煤柱沿空煤巷矿压显现具体表现如图 2-4 所示。

（1）顶板冒顶频发，估计冒顶高度可达 1~2m，部分地段顶板出现剧烈破碎，顶板下沉严重，最大下沉量可达 500~1000mm。部分锚杆索失效，金属网撕裂。

（2）巷帮破坏垮塌。巷道相当范围内两帮已经完全垮塌，煤体破碎出现大面积涌出现象，普遍呈鼓出网兜形状，向巷道内偏移 1m 以上，帮部支护结构严重失效，锚杆随煤体挤出、锚网被涌出煤体冲破等现象明显。

（3）巷道底臌现象突出。巷道底板普遍出现底臌，底臌量可达 0.5~1m 及以上。

(a) 煤帮严重突出破坏

(b) 底板严重底臌

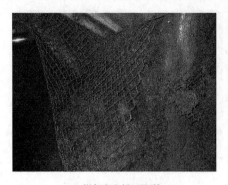 

　　(c) 煤帮突出锚网撕裂　　　　　　　　　　(d) 恶性冒顶事故

图 2-4　采动影响下综放宽煤柱沿空煤巷破坏状况

2.3.2　顶板内部裂隙发育特征

　　煤岩体中存在多种结构面，控制着煤岩体的力学性质及其变形与破坏特征，在很多情况下，结构面对煤岩体力学性质的控制作用远大于煤岩材料本身。因此，了解煤岩体中层理、节理、裂隙等结构面的分布及其力学特性，对研究围岩的稳定性、煤岩体工程设计、施工及安全等有重要作用。在弄清岩体基本结构之后，就要对其结构进行观察。对于煤矿井下巷道，除了对巷道揭露的岩体通过肉眼直接观察外，在没有揭露的岩体中要想了解岩体结构，则必须采用超声波法、地质雷达、地震层析成像技术、地震技术、孔壁印模法、岩心采取法等主要观测方法。

　　图 2-5 是 YS(B)型矿用电子钻孔窥视仪，该仪器由电荷耦合元件(charge-coupled device，CCD)摄像头、图像接收与存储装置、安装杆等组成。仪器由摄像头在钻孔中接收图像，通过接收仪直接观察、记录图像，并可与计算机连接对图像进行分析和处理。

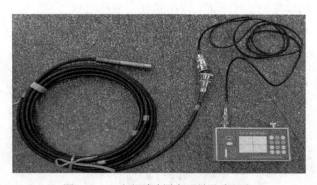

图 2-5　YS(B)型矿用电子钻孔窥视仪

　　图 2-6 是 YS(B)型矿用电子钻孔窥视仪工作原理，YS(B)型矿用电子钻孔窥

视仪是用来直接观察锚杆孔或其他小孔径工程钻孔内部构造的现代化仪器。工作时将探头放在钻孔中，此时控制单元控制红外光源强度。孔壁物质的图像经光路变换进入图像传感器，再放大后产生全电视信号，送至控制单元，做信号处理后显示在液晶显示屏上。该仪器可在手持式液晶显示屏幕上显示钻孔内壁构造类型、分层、层面厚度、岩层裂隙、不同岩石相接界面及岩性(如煤和煤矸石)等情况，并可直接得到图像处的深度。对于预防矿井巷道锚喷支护垮落等安全隐患具有相当重要的意义。

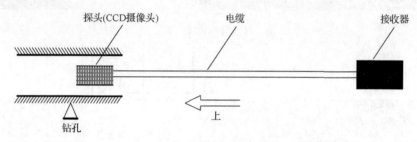

图 2-6　YS(B)型矿用电子钻孔窥视仪工作原理

采用煤炭科学研究总院(以下简称煤科总院)西安分院研发的YS(B)型电子钻孔窥视仪对中煤华晋公司王家岭煤矿综放宽煤柱沿空煤巷(20102 回风平巷)围岩结构进行分析研究。

在 20102 回风平巷中 440～550m(Ⅱ梯段)经受采动影响最严重，巷道受采动影响也较严重，为了更好地观测顶板的破坏形式和状态，将窥视测站布置在Ⅱ梯段中，如图 2-7 所示。在Ⅱ梯段中布置三个测站，三个测站相互间距为 10m，测站 A 相对于 2014 工作面端头位置靠后 10m，测站 B 与 20104 工作面端头位置齐平，测站 C 位于 20104 回采工作面端头前方 10m 处，每个测站在顶板布置三个钻孔，分别位于顶板的两侧及中间位置，间隔 2.3m，钻孔布置具体参数如图 2-8 所示，根据现场条件许可对相关钻孔并进行了多次窥视，观测其相应位置顶板的破坏运动。

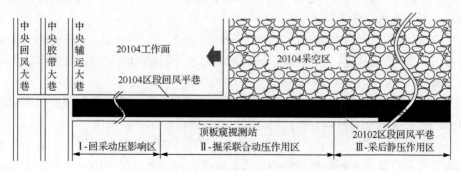

图 2-7　20102 回风平巷钻孔窥视测站布置区域

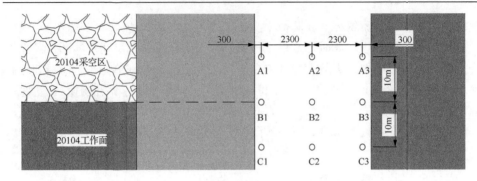

(a) 钻孔布置具体参数平面图

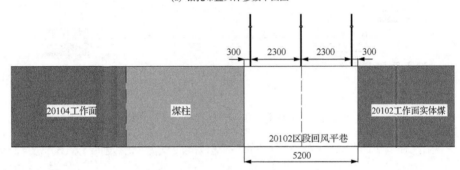

(b) 钻孔布置具体参数断面图

图 2-8　20102 区段回风平巷钻孔布置具体参数(单位：mm)

　　现场按设计测站对顶板进行钻孔窥视，共 3 个测站 9 个钻孔，通过钻孔窥视实时传输并保存的图像对测站区域顶板状态进行统计分析，根据顶板破坏严重程度将顶板破坏状态分为：严重破碎、离层错动、破碎、较破碎、明显裂隙、较大裂隙、较小裂隙、较完整以及完整。20102 区段回风平巷顶板破碎状态各测点钻孔窥视结果统计如表 2-1～表 2-9 所示，部分钻孔窥视图像如图 2-9 所示。

　　从表 2-1～表 2-9 和图 2-9 中可以得出如下结论。

　　(1)20102 区段回风平巷在 440～550m 区段(Ⅱ区段)顶板内部破坏较为严重，煤层、岩层破坏深度均较大。

　　(2)在巷道宽度方向上，与 20104 回采工作面相邻一侧顶板，由于受剧烈采动影响，顶板煤岩层产生较大扰动，垂直运动与水平运动均较突出，致使多处出现顶板离层状况。

　　(3)沿巷道长度方向，顶板受剧烈采动影响均较突出，不同深度顶板岩层裂隙滋生，裂隙成相较大且具有一定的延伸性。

　　(4)离层错动多出现于煤层、直接顶中，但较大纵向及倾斜裂隙多出现于基本顶岩层内，对巷道顶板的稳定性有很大的影响，因此在经受 20104 工作面采动影响下掘进 20102 区段回风平巷需要对支护强度进行补强。

表 2-1 测点 A1 钻孔观测结果

深度/m	0~0.5	0.5~1.3	1.3~2.6	2.6~3.1	3.1~3.8	3.8~5.1	5.1~6.5	6.5~9.5
破坏状态	严重破碎	离层错动	破碎	离层错动	明显裂隙	较小裂隙	较大裂隙	完整

表 2-2 测点 A2 钻孔观测结果

深度/m	0~0.6	0.6~2.0	2.0~2.7	2.7~3.3	3.3~3.9	3.9~5.2	5.2~6.6	6.6~8.7
破坏状态	严重破碎	离层	较破碎	明显裂隙	较小裂隙	较完整	较大裂隙	完整

表 2-3 测点 A3 钻孔观测结果

深度/m	0~0.6	0.6~2.1	2.1~2.6	2.6~3.2	3.2~3.9	3.9~5.1	5.1~6.7	6.7~9.7
破坏状态	严重破碎	破碎	较破碎	明显裂隙	较小裂隙	较完整	倾斜裂隙	完整

表 2-4 测点 B1 钻孔观测结果

深度/m	0~0.5	0.5~2.0	2.0~3.1	3.1~3.7	3.7~4.9	4.9~5.6	5.6~7.5	7.5~9.8
破坏状态	离层错动	破碎	较破碎	明显裂隙	较小裂隙	较完整	较大裂隙	完整

表 2-5 测点 B2 钻孔观测结果

深度/m	0~0.6	0.6~1.7	1.7~2.7	2.7~3.3	3.3~4.1	4.1~5.8	5.8~7.6	7.6~9.7
破坏状态	严重破碎	较破碎	较完整	明显裂隙	较小裂隙	较大裂隙	较完整	完整

表 2-6 测点 B3 钻孔观测结果

深度/m	0~0.6	0.6~2.0	2.0~2.9	2.9~3.7	3.7~4.9	4.9~5.8	5.8~6.9	6.9~9.4
破坏状态	破碎	较破碎	破碎	明显裂隙	较小裂隙	细小裂隙	较完整	完整

表 2-7 测点 C1 钻孔观测结果

深度/m	0~0.8	0.8~2.5	2.5~3.1	3.1~4.3	4.3~5.6	5.6~6.7	6.7~7.6	7.6~9.9
破坏状态	严重破碎	破碎	煤岩离层	明显裂隙	较小裂隙	较大裂隙	较完整	完整

表 2-8 测点 C2 钻孔观测结果

深度/m	0~0.5	0.5~1.9	1.9~3.2	3.2~4.3	4.3~5.1	5.1~6.5	6.5~7.2	7.2~9.5
破坏状态	严重破碎	破碎	较破碎	明显裂隙	细小裂隙	较小裂隙	较完整	完整

表 2-9 测点 C3 钻孔观测结果

深度/m	0~0.5	0.5~1.7	1.7~2.7	2.7~4.5	4.5~5.9	5.9~7.2	7.2~8.1	8.1~9.7
破坏状态	严重破碎	破碎	较破碎	明显裂隙	较小裂隙	较完整	细小裂隙	完整

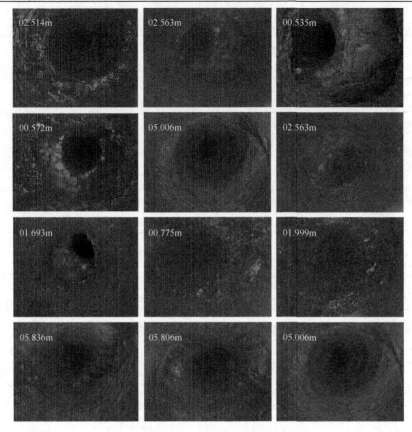

图 2-9 部分钻孔窥视图像
数字为钻孔深度，如 02.514m 表示钻孔深度为 2.514m，下同

2.4 综放窄煤柱沿空煤巷顶板不对称破坏特征

2.4.1 矿压显现特征

综放窄煤柱沿空煤巷由于受到相邻综放面覆岩运动及其引起的高支承压力影响，顶板变形极其剧烈，顶板不对称下沉和水平挤压错动变形突出，靠煤柱侧顶板围岩破碎局部存在冒漏、台阶下沉现象。以中煤华晋公司王家岭煤矿为例，顶板不对称破坏特征包括以下几个方面。

1)顶板变形量大、不对称变形突出

因巷道煤体自身裂隙发育且长期受覆岩运动影响，巷道开掘初期，顶板就发生明显下沉且呈不对称特征，靠煤柱侧顶板下沉量可达 360mm，靠实体煤侧顶板下沉量约 150mm。靠煤柱侧顶板严重破碎，表层形成明显网兜，局部甚至出现冒、漏顶现象，如图 2-10(a)所示。

2) 水平挤压错动变形显著

顶板岩层存在强烈水平运动，导致岩层间相互挤压错动形成了明显挤压破碎带，破碎带沿巷道走向延伸 10～34m。由于传统支护结构无法适应顶板强烈水平运动，导致 W 钢带严重弯曲而发生"脱顶失效"、钢筋托梁弯曲失效、金属网撕裂等现象严重，如图 2-10(b)、(c)所示。

3) 顶角部位滑移破坏严重

巷道靠煤柱侧的顶角区域煤体异常破碎，网兜现象突出，直接顶与煤柱之间有滑移、错位、嵌入、台阶下沉等现象，致使钢筋网和梯子梁严重变形甚至剪断，如图 2-10(d)所示。

4) 变形持续时间长

巷道自掘出至开挖后 3 个月内，变形破坏持续发展且时常会听到"煤炮"声响，表明上覆岩层一直处于运动状态，由于巷道围岩处于长期蠕变状态，巷道变形完全稳定时间超过 120 天。自巷道掘出至成巷 120 天，顶板变形量持续增长，同时顶板变形量最大，收敛变形可达 412mm，平均变形速率为 3.43mm/d，巷道掘出 120 天后，围岩变形才逐渐趋于缓和。

(a) 靠煤柱侧顶板严重下沉

(b) 沿巷道走向延伸的挤压破碎带

(c) 岩层挤压造成W钢带"脱顶失效"

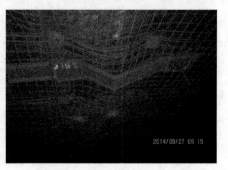

(d) 直接顶与煤柱间错位、台阶下沉

图 2-10　顶板不对称变形破坏

5) 不对称矿压显现区位特征

通过对综放窄煤柱沿空煤巷围岩与支护体不对称矿压显现的几何位态、严重程度、显现特征进行现场调研，得到巷道不对称矿压显现区位特征，观测数据如表 2-10 所示。

表 2-10　区段运输巷 0～600m 范围内矿压显现情况

巷道区段/m	几何区域	显现特征
20～30	靠近煤柱帮侧顶板，巷道中线偏煤柱侧 0.2m 处	形成挤压破碎裂缝带，破碎带走向延伸长度为 8m，由于挤压变形程度较低未形成网兜
30～50	煤柱帮距底板 1m 高度处	煤柱帮发生严重挤出变形，位移量近 300mm，钢筋梯子梁弯曲
40～60	靠煤柱侧顶角区域	围岩异常破碎、破碎岩体形成网兜，网兜沿着走向长度为 15m
80～100	巷道中心线偏实体煤侧 0.1m 处	形成走向挤压破碎带，破碎带下沉形成网兜，网兜高度约为 200mm
150～170	顶板整体下沉	该区域内巷道高度仅为 3.1m，两帮间距为 5.3m
160～200	靠煤柱侧顶角区域	围岩异常破碎，破碎岩体形成网兜，网兜沿着走向长度约为 32m，网兜高度约为 300mm
200～230	靠煤柱侧顶板区域	围岩异常破碎，形成了多个网兜，网兜高度为 200～300mm 不等
	实体煤帮距底板 400mm 处	发生明显挤出变形，位移量约为 200mm
230～240	靠煤柱侧顶角区域	围岩异常破碎，破碎岩体形成网兜，网兜沿着走向长度为 10m，网兜高度约为 300mm
250～280	巷道中线区域	存在明显挤压碎裂带，网兜高度约为 350mm，走向长度为 15m
300～320	实体煤帮距底板 400mm 处	煤帮发生整体外移，变形量约为 350mm，沿走向延伸 20m
320～350	巷道中线区域	存在明显挤压碎裂带，网兜高度约为 350mm，走向长度为 18m
350～370	靠煤柱侧顶角部位	围岩异常破碎，破碎岩体形成网兜，网兜沿着走向长度为 12m，网兜高度约为 300mm
	实体煤帮	煤帮发生整体外移，变形量约为 350mm，沿走向延伸 5m
	顶板中部区域	存在明显挤压碎裂带，网兜高度约为 350mm，走向长度为 18m
420～450	实体煤帮	存在明显挤压碎裂带，网兜高度约为 350mm，走向长度为 12m
500～520	巷道中线偏煤柱侧 0.2m 处	围岩异常破碎，破碎岩体形成网兜，网兜沿着走向长度约为 25m，网兜高度约为 250mm

注：表中未到出段为矿压显现不明显区域。

2.4.2 顶板内部裂隙发育特征

1. 巷道围岩裂隙钻孔窥视

为了能够准确并及时地观测到综放窄煤柱巷道围岩结构在回采过程中的变化、巷道顶板两侧在工作面超前支承压力影响下的结构差异性、煤柱帮及实体煤帮在承受不同矿山压力下破坏的不同程度以及现行支护方案下锚杆和锚索锚固范围内围岩完整性，在王家岭煤矿 20103 工作面胶带巷制订了相应的钻孔窥视观测方案，方案分三个测站，分别为距离工作面 20m、40m、60m，测站布置如图 2-11 所示。每个测站施打并观测 5 个钻孔，分别是顶板 3 个测点，两帮各设 1 个测点，测点布置如图 2-12 所示，钻孔编号为 11，12，…，15；21，22，…，25；31，32，…，35。

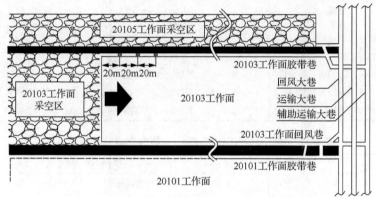

图 2-11　20103 工作面胶带巷钻孔窥视测站布置图

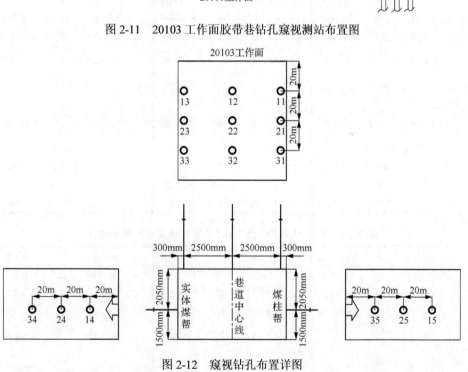

图 2-12　窥视钻孔布置详图

1) 顶板各测点钻孔观测结果及对比分析

对窥视视频进行整理分析可以直观的得到各测点钻孔不同深度内顶板的岩性和破坏程度，20103 工作面胶带巷顶板各测站钻孔窥视结果如表2-11～表2-13所示。

表 2-11　测站 1（距工作面 20m）顶板各测点钻孔观测结果

测点	深度/m	岩性	破坏程度	测点	深度/m	岩性	破坏程度	测点	深度/m	岩性	破坏程度
测点11	0~0.5	煤	多段离层	测点12	0~0.6	煤	中度破碎	测点13	0~0.4	煤	较完整
	0.5~1.3	煤	中等破碎		0.6~2.0	煤	轻度破碎		0.4~1.3	煤	中度破碎
	1.3~2.6	煤	轻度破碎		2.0~2.7	煤	较完整		1.3~2.1	煤	轻度破碎
	2.6~3.0	砂质泥岩	细小裂隙		2.7~3.2	砂质泥岩	明显裂隙		2.1~2.9	煤	较完整
	3.0~3.9	砂质泥岩	明显裂隙		3.2~4.1	砂质泥岩	较完整		2.9~4.3	砂质泥岩	倾斜裂隙
	3.9~5.1	粉砂岩	较完整		4.1~5.2	粉砂岩	倾斜裂隙		4.3~5.6	粉砂岩	明显裂隙
	5.1~6.5	粉砂岩	明显裂隙		5.2~6.6	粉砂岩	环形裂隙		5.6~7.1	粉砂岩	纵向裂隙
	6.5~9.5	粉砂岩	完整		6.6~8.0	粉砂岩	较完整		7.1~8.2	粉砂岩	较完整

表 2-12　测站 2（距工作面 40m）顶板各测点钻孔观测结果

测点	深度/m	岩性	破坏程度	测点	深度/m	岩性	破坏程度	测点	深度/m	岩性	破坏程度
测点21	0~0.4	煤	严重破碎	测点22	0~0.7	煤	中度破碎	测点23	0~0.9	煤	轻度破碎
	0.4~1.4	煤	中等破碎		0.7~1.8	煤	轻度破碎		0.9~1.4	煤	中度破碎
	1.4~2.8	煤	轻度破碎		1.8~2.7	煤	较完整		1.4~1.9	煤	轻度破碎
	2.8~3.3	砂质泥岩	较完整		2.7~3.6	砂质泥岩	较完整		1.9~2.8	煤	细小裂隙
	3.3~3.9	砂质泥岩	倾斜裂隙		3.6~4.1	砂质泥岩	完整		2.8~3.6	砂质泥岩	煤岩错位
	3.9~4.8	粉砂岩	较完整		4.1~5.6	粉砂岩	较完整		3.6~4.2	砂质泥岩	纵向裂隙
	4.8~5.5	粉砂岩	倾斜裂隙		5.6~6.2	粉砂岩	倾斜裂隙		4.2~5.1	粉砂岩	较完整
	5.5~6.7	粉砂岩	纵向裂隙		6.2~7.1	粉砂岩	纵向裂隙		5.1~6.7	粉砂岩	倾斜裂隙
	6.7~8.5	粉砂岩	较完整		7.1~8.2	粉砂岩	较完整		6.7~8.5	粉砂岩	较完整
	8.5~10	粉砂岩	完整		8.2~9.7	粉砂岩	完整		8.5~9.6	粉砂岩	完整

表 2-13　测站 3（距工作面 60m）顶板各测点钻孔观测结果

测点	深度/m	岩性	破坏程度	测点	深度/m	岩性	破坏程度	测点	深度/m	岩性	破坏程度
测点31	0~0.7	煤	轻度破碎	测点32	0~0.7	煤	中度破碎	测点33	0~1.0	煤	中度破碎
	0.7~1.9	煤	明显裂隙		0.7~1.8	煤	轻度破碎		1.0~2.1	煤	轻度破碎
	1.9~2.9	煤	细小裂隙		1.8~2.8	煤	细小裂隙		2.1~2.9	煤	明显裂隙
	2.9~3.5	砂质泥岩	较完整		2.8~3.6	砂质泥岩	较完整		2.9~3.8	砂质泥岩	细小裂隙
	3.5~4.1	砂质泥岩	完整		3.6~4.1	砂质泥岩	完整		3.8~4.2	砂质泥岩	较完整
	4.1~5.4	粉砂岩	较完整		4.1~5.5	粉砂岩	较完整		4.2~5.1	粉砂岩	倾斜裂隙
	5.4~6.5	粉砂岩	倾斜裂隙		5.5~6.7	粉砂岩	倾斜裂隙		5.1~6.9	粉砂岩	纵向裂隙
	6.5~7.6	粉砂岩	较完整		6.7~7.9	粉砂岩	较完整		6.9~8.7	粉砂岩	较完整
	7.6~9.9	粉砂岩	完整		7.9~9.7	粉砂岩	完整		8.7~10	粉砂岩	完整

通过对各测站顶板孔窥视结果的对比分析我们可以看出，20103 胶带巷顶煤厚在 2.7m 左右，直接顶为约 1.3m 的砂质泥岩，基本顶为较完整粉砂岩。距离工作面 20m 顶板由于受采动影响较剧烈，顶板煤层破碎，直接顶不规则裂隙较多，基本顶纵向裂隙、倾斜裂隙滋生，相对距离工作面 40m、60m 测站结果破碎较严重。横向比较三个测站顶板钻孔窥视结果，靠近煤柱侧顶板破碎严重，实体煤帮顶板完整性相对较好，煤柱侧顶板锚杆锚固范围内，煤层碎裂严重，煤岩交界面产生离层错位，锚索锚固所处岩层完整段较小，实体煤侧顶板完整性相对较好，锚索能够较好地锚固在基本顶粉砂岩中。从整体上看，顶板煤层 0～2.0m 范围内裂隙滋生，伴随着各种结构弱面，2m 以上煤层相对较稳定，直接顶砂质泥岩在工作面采动影响下，在小段范围内发育不规则裂隙，基本顶粉砂岩 6.5m 以上岩性良好，可保证顶板锚索主动支护效果。

　　为了更好地体现沿空煤巷顶板窥视结果，现截取窥视视频中部分图像来分析对比煤柱侧顶板、实体煤侧顶板及巷道中部顶板结构差异性。

　　由图 2-13～图 2-15 可以清晰直观地看出煤柱侧顶板破坏程度较大，锚杆锚固范围外 2.9m 煤岩层分界面处破坏严重且发生错动，顶板 7.2m 处粉砂岩层有破碎带；实体煤侧及巷道中部顶板破坏程度相对较低，体现了沿空巷道顶板结构破坏在两侧存在差异性。

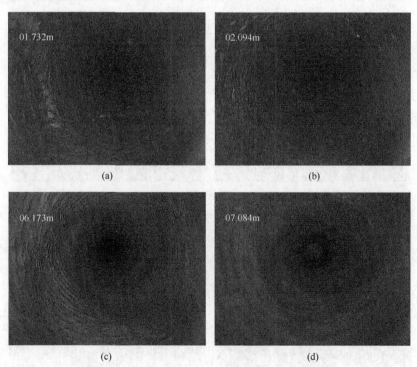

(a)　　　　　　　　　　　　　　　(b)

(c)　　　　　　　　　　　　　　　(d)

图 2-13　20103 工作面胶带巷实体煤侧顶板钻孔窥视图

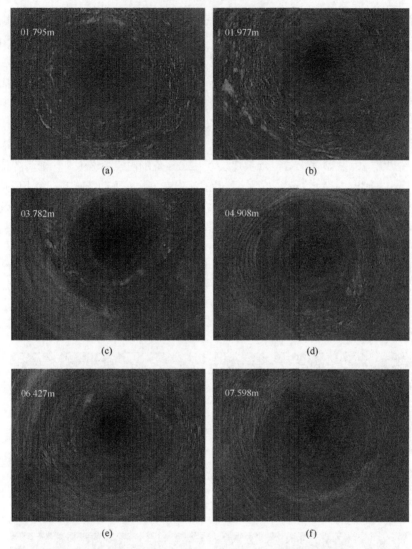

图 2-14　20103 工作面胶带巷巷道中部顶板钻孔窥视图

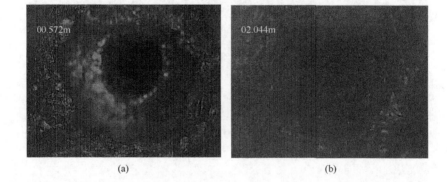

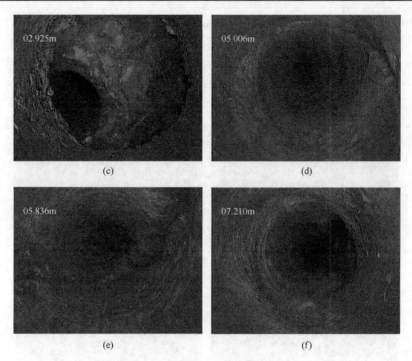

图 2-15 20103 工作面胶带巷煤柱侧顶板钻孔窥视图

2) 煤帮钻孔窥视结果分析

20103 工作面胶带巷两帮钻孔窥视结果如表 2-14 和表 2-15 所示,为了更直观、更具体的展现出实体煤帮与煤柱帮的破坏程度,现截取不同深度的窥视图片,来对比分析沿空巷道两帮破坏程度的不同,为下一步巷帮支护奠定了实践基础。

表 2-14 20103 工作面胶带巷窄煤柱帮各测点钻孔观测结果

测点	深度/m	破坏程度	测点	深度/m	破坏程度	测点	深度/m	破坏程度
测点 15	0~1.1	严重破碎	测点 25	0~0.5	严重破碎	测点 35	0~1.2	中度破碎
	1.1~1.9	中度破碎		0.5~1.7	中度破碎		1.2~1.9	轻度破碎
	1.9~2.4	轻度破碎		1.7~3.0	明显裂隙		1.9~3.7	细小裂隙
	2.4~5.0	明显裂隙		3.0~4.7	细小裂隙		3.7~4.9	较完整

表 2-15 20103 工作面胶带巷实体煤帮各测点钻孔观测结果

测点	深度/m	破坏程度	测点	深度/m	破坏程度	测点	深度/m	破坏程度
测点 14	0~0.8	严重破碎	测点 24	0~0.4	严重破碎	测点 34	0~1.0	中度破碎
	0.8~2.1	轻度破碎		0.4~2.2	轻度破碎		1.0~1.9	轻度破碎
	2.1~3.2	明显裂隙		2.2~3.3	细小裂隙		1.9~3.0	细小裂隙
	3.2~5.0	较完整		3.3~4.9	较完整		3.0~5.2	较完整

从表 2-14、表 2-15 及图 2-16、图 2-17 可以看出,20103 胶带巷两帮中煤柱帮

破坏深度和程度均较严重。实体煤帮 2.1m 范围内较破碎，2.1m 以外有明显裂隙；窄煤柱帮破碎深度达到 2.4m 左右，2.4m 以外有较明显裂隙。

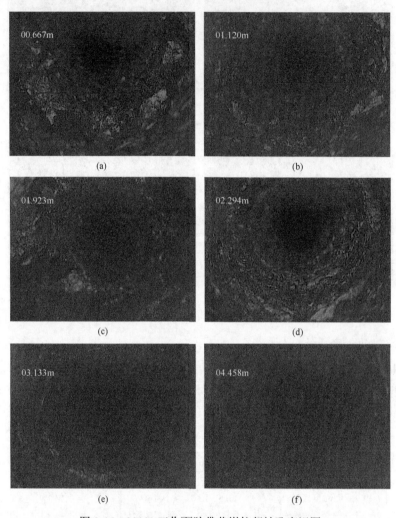

图 2-16　20103 工作面胶带巷煤柱帮钻孔窥视图

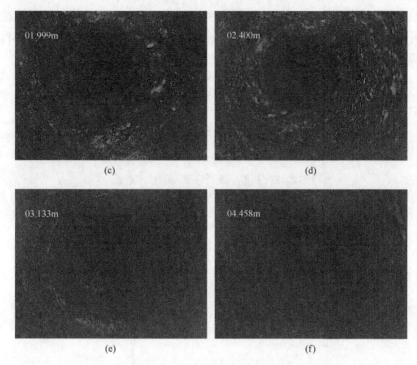

图 2-17　20103 工作面胶带巷实体煤帮钻孔窥视图

2. 基本顶断裂位置钻孔窥视

1)技术路线及方案

沿空巷道基本顶的断裂位置与基本顶、直接顶、煤层三者的厚度和力学性质有关，同时也受采深、原岩应力状态、采高等因素影响，为避免钻孔窥视工作的盲目性，我们选取距回采工作面 30m 顶板变形相对较大处断面，布置一组顶板钻孔作为基本顶断裂位置探索的初始方案，并进行现场打钻、钻孔窥视，对各钻孔窥视结果进行分析对比，找出有基本顶断裂特征的钻孔，通过三角几何关系计算出发生断裂处的大致位置，然后在此位置通过补打钻孔，并进行钻孔窥视工作，直至最终确定基本顶断裂位置。基本顶断裂位置观测技术路线和钻孔布置方案分别如图 2-18 和图 2-19 所示。

2)结果分析

现场按照图 2-19 钻孔布置方案打孔，由于方案中大多为斜孔，所以每打完一孔应立即进行窥视工作，以防塌孔对窥视工作造成影响。通过对该组 8 个钻孔的窥视及分析比较发现，⑥号孔内裂隙发育，有较大的纵向和倾斜裂隙，具有基本顶岩层断裂特征，因此应在⑥号孔附近补打垂直钻孔进行窥视复查工作，经过科学的布置钻孔，现场有条不紊的钻孔窥视工作以及对各补打孔窥视结果的缜密对比分析，发现距离工作面 30m，煤柱侧顶板孔，距煤柱帮 1m 左右处的垂直孔观测到基本顶断裂。

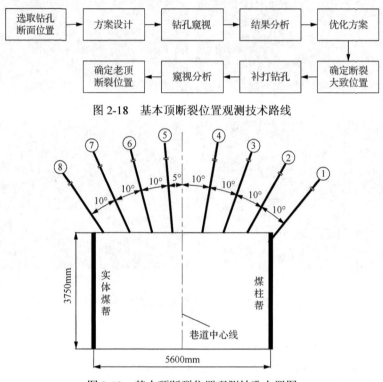

图 2-18　基本顶断裂位置观测技术路线

图 2-19　基本顶断裂位置观测钻孔布置图
圈码代表钻孔编号

由③号补打孔窥视图可以看出(图 2-20)，该处顶板煤岩层均破坏严重，在顶板 5～6m 范围内有较大倾斜、垂直裂隙，顶板 7.2m 开始出现较大贯通、连续、垂直裂隙，该裂隙延伸至顶板 9m 左右处，且从 7.2m 处开始，钻孔一面近似平滑并没有打钻痕迹，可以判定基本顶在此处断裂旋转。综上分析，可以断定距工作面 30m 处，基本顶在距煤柱帮 1m 顶板深度为 7.2m 粉砂岩中开始断裂，并延伸至顶板一定深度。

现根据以上顶板窥视结果裂隙分布及基本顶断裂位置分布状况绘制图 2-21，钻孔窥视裂隙分类如表 2-16 所示。该图详细综合标示出 20103 区段运输平巷顶板裂隙分布状态及基本顶断裂线，从图中可以看出，沿空煤巷顶板破坏呈非对称破坏，靠近煤柱帮顶板裂隙滋生，且纵向裂隙和破碎带较多，相比较而言，靠近实体煤帮顶板相对破坏较轻，裂隙分布范围较窄，贯通垂直裂隙较少且较小，这对沿空煤巷围岩破坏非对称结构研究提供有力现场实践依据。

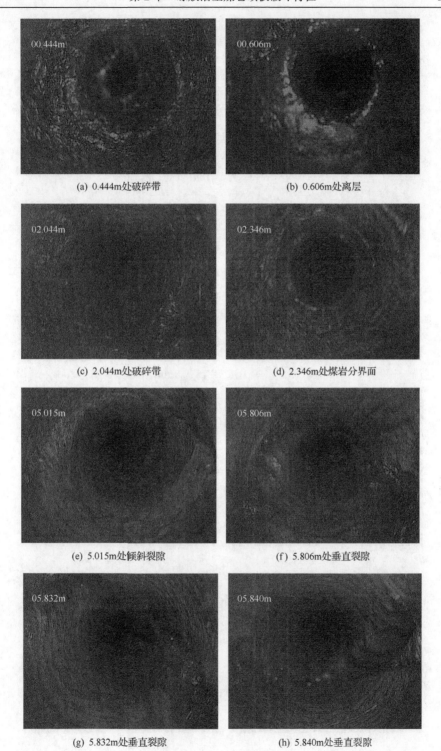

　　(a) 0.444m处破碎带　　　　　　　　　　　　　　(b) 0.606m处离层

　　(c) 2.044m处破碎带　　　　　　　　　　　　　(d) 2.346m处煤岩分界面

　　(e) 5.015m处倾斜裂隙　　　　　　　　　　　　　(f) 5.806m处垂直裂隙

　　(g) 5.832m处垂直裂隙　　　　　　　　　　　　　(h) 5.840m处垂直裂隙

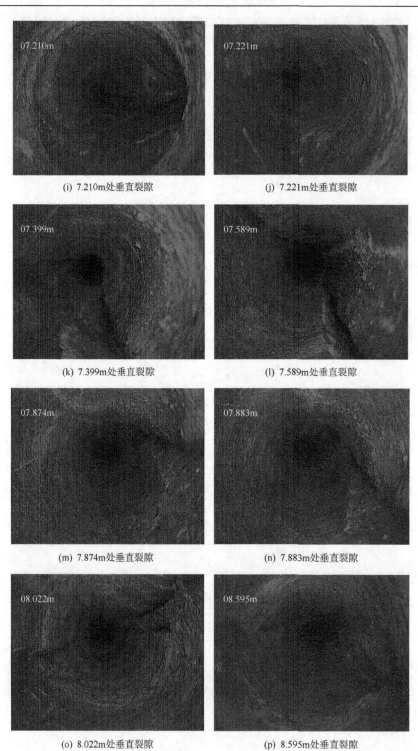

(i) 7.210m处垂直裂隙

(j) 7.221m处垂直裂隙

(k) 7.399m处垂直裂隙

(l) 7.589m处垂直裂隙

(m) 7.874m处垂直裂隙

(n) 7.883m处垂直裂隙

(o) 8.022m处垂直裂隙

(p) 8.595m处垂直裂隙

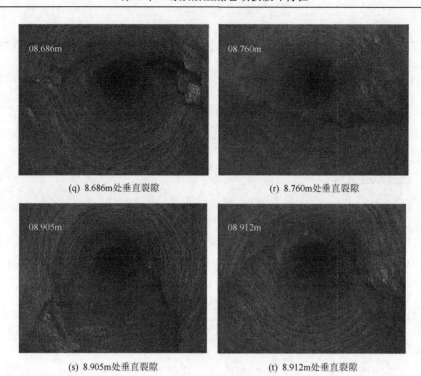

(q) 8.686m处垂直裂隙

(r) 8.760m处垂直裂隙

(s) 8.905m处垂直裂隙

(t) 8.912m处垂直裂隙

图 2-20 ③号补打孔窥视图

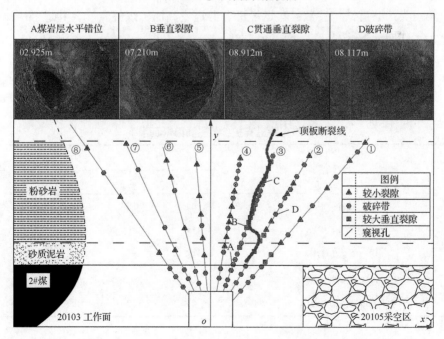

图 2-21 裂隙分布及基本顶断裂位置综合图

表 2-16 钻孔窥视裂隙分类

较小裂隙	较大水平裂隙	较大垂直裂隙	破碎带
宽度小于 1cm，不封闭	宽度大于 3cm，环形，延伸较大	长度大于 20cm，斜切或沿纵向延伸	环向裂隙滋生，孔壁破碎

2.5 巷道顶板离层错动关键因素分析

2.5.1 正交试验设计

1. 确定正交试验因素和水平

将影响采动煤巷顶板离层错动的因素复杂且众多，其中不乏一些综合因素对顶板的离层错动均产生显著的影响[1,2]，且影响程度各有不同，现结合现场矿业显现与矿压理论，考虑到因素过多引起的巨大工作量，将影响顶板离层错动的较显著因素主要分为三类。

第一类：巷道支护设计参数类：锚杆间距、锚杆长度、锚索角度、锚索长度和锚索间距。

第二类：煤岩层性质类：顶煤厚度、直接顶厚度、基本顶厚度、煤层强度和直接顶强度。

第三类：巷道结构参数：巷道埋深、巷道宽高比、煤柱宽度、巷道侧压比和与上一工作面采掘关系。

对本节研究采动影响巷道顶板离层错动而言，分别从巷道支护参数、煤岩层性质和巷道结构参数三大类中分别精选出对顶板离层错动影响比较显著的影响因素，并根据试验的可行性确定其水平数，详情如表 2-17～表 2-19 所示。

表 2-17 巷道支护参数主要因素及水平

因素	水平			
	1	2	3	4
A1：锚杆间距/m	0.6	0.8	1.0	1.2
A2：锚杆长度/m	1.6	2.0	2.4	2.8
A3：锚索角度/(°)	90	85	80	75
A4：锚索长度/m	5	7	9	11
A5：锚索间距/m	0.8	1.2	1.6	2.0

表 2-18　煤岩层性质主要因素及水平

因素	水平			
	1	2	3	4
B1：顶煤厚度/m	0.5	1.0	1.5	2
B2：直接顶厚度/m	1	2	3	4
B3：基本顶厚度/m	5	10	15	20
B4：煤层强度/MPa	5	10	15	20
B5：直接顶强度/MPa	15	30	45	60

表 2-19　巷道结构参数主要因素及水平

因素	水平			
	1	2	3	4
C1：巷道埋深/m	200	400	600	800
C2：巷道宽高比	1	1.4	1.8	2.2
C3：煤柱宽度/m	5	10	20	30
C4：巷道侧压比	1	1.6	2.4	3.2
C5：与上一工作面采掘关系	采前掘巷	掘采相迎Ⅰ	掘采相迎Ⅱ	采后掘巷

注：掘采相迎Ⅰ工作面与掘进面距离较大；掘采相迎Ⅱ掘进面与回采面距离较近。

2. 设计正交表及实施正交试验

根据上述研究可以确定，巷道支护参数类、煤岩层参数类和巷道结构参数类均为 5 因素 4 水平，选择 L16(45)正交表，且各因素之间不考虑交互性，影响巷道顶板离层三大类因素的正交表如表 2-20～表 2-22 所示，表中 K、k 所在行列括号内数值为错动值相对应的特征值，数值模拟分析监测点多取自煤岩层弱面分界区域，每个煤岩层分界面在垂直方向上各取两点，分别在两个岩层面内，离层值取两点垂直位移差，错动值取两点的水平位移差，取差值的最大值。

表 2-20　支护参数类数值模拟方案与结果

序号	因素					离层值/mm	错动值/mm
	锚杆间距	锚杆长度	锚杆角度	锚索长度	锚索间距		
1	1(0.6m)	1(1.6m)	1(90°)	1(5m)	1(0.8m)	407.35	108.92
2	1	2(2.0m)	2(85°)	2(7m)	2(1.2m)	539.21	83.53
3	1	3(2.4m)	3(80°)	3(9m)	3(1.6m)	764.73	53.22

序号	因素					离层值/mm	错动值/mm
	锚杆间距	锚杆长度	锚索角度	锚索长度	锚索间距		
4	1	4(2.8m)	4(75°)	4(11m)	4(2.0m)	778.12	44.72
5	2(0.8m)	1	2	3	4	319.24	101.34
6	2	2	1	4	3	387.54	72.55
7	2	3	4	1	2	530.45	67.31
8	2	4	3	2	1	690.66	58.3
9	3(1.0m)	1	3	4	2	267.53	55.85
10	3	2	4	3	1	398.32	37.12
11	3	3	1	2	4	507.38	134.77
12	3	4	2	1	3	612.47	83.73
13	4(1.2m)	1	4	2	3	189.36	97.28
14	4	2	3	1	4	295.65	165.42
15	4	3	2	4	1	421.15	105.74
16	4	4	1	3	2	457.65	97.62
K_1	2489.41 (290.39)	1183.48 (363.39)	1759.92 (413.86)	1845.92 (425.38)	1917.48 (310.08)	—	—
K_2	1927.89 (299.5)	1620.58 (358.62)	1892.07 (374.34)	1926.61 (373.88)	1794.84 (304.31)	—	—
K_3	1785.7 (311.47)	2223.71 (361.04)	2018.57 (332.79)	1939.94 (289.3)	1954.1 (306.78)	—	—
K_4	1363.81 (466.06)	2538.9 (284.37)	1896.25 (246.43)	1854.34 (278.86)	1900.39 (446.25)	—	—
k_1	622.35 (72.6)	295.87 (110.85)	439.98 (103.47)	461.48 (101.35)	479.37 (77.52)	—	—
k_2	481.97 (74.88)	405.15 (89.66)	473.02 (93.59)	481.65 (93.47)	448.71 (76.08)	—	—
k_3	446.42 (77.87)	555.93 (90.26)	504.64 (83.20)	484.99 (72.33)	488.53 (75.70)	—	—
k_4	340.95 (96.52)	634.73 (71.09)	474.06 (51.61)	463.59 (69.72)	475.1 (111.56)	—	—
极差	281.4 (23.92)	338.86 (39.76)	64.66 (51.86)	23.51 (31.63)	39.82 (35.86)	—	—
因素主次	离层：锚杆长度>锚杆间距>锚索角度>锚索间距>锚索长度 错动：锚索角度>锚杆长度>锚索间距>锚索长度>锚杆间距						

注：K_i 表示对应列上包含 i 水平所有试验结果之和；k_i 表示对应列上包含 i 水平所有试验结果的平均值，下同。

表 2-21　煤岩层参数数值模拟方案与结果

序号	因素					离层值/mm	错动值/mm
	顶煤厚度	直接顶厚度	基本顶厚度	顶煤强度	直接顶强度		
1	1 (0.5m)	1 (1.0m)	1 (5m)	1 (5MPa)	1 (15MPa)	537.41	109.28
2	1	2 (2.0m)	2 (10m)	2 (10MPa)	2 (30MPa)	316.77	178.42
3	1	3 (3.0m)	3 (15m)	3 (15MPa)	3 (45MPa)	233.34	186.74
4	1	4 (4.0m)	4 (20m)	4 (20MPa)	4 (60MPa)	207.45	74.53
5	2 (1.0m)	1	2	3	4	219.43	276.58
6	2	2	1	4	3	330.57	189.31
7	2	3	4	1	2	584.61	143.62
8	2	4	3	2	1	415.08	87.53
9	3 (1.5m)	1	3	4	2	130.27	195.43
10	3	2	4	3	1	473.28	232.71
11	3	3	1	2	4	96.34	254.83
12	3	4	2	1	3	414.69	136.27
13	4 (2.0m)	1	4	2	3	680.18	315.45
14	4	2	3	1	2	192.63	267.32
15	4	3	2	4	1	267.66	186.21
16	4	4	1	3	2	574.83	74.63
K_1	1294.97 (549.97)	1567.29 (541.92)	871.32 (413.01)	1729.35 (674.36)	1158.11 (525.16)	—	—
K_2	1549.69 (697.04)	1510.11 (358.69)	772.87 (366.07)	1605.16 (597.48)	1242.45 (456.27)		
K_3	1230.51 (719.24)	1413.47 (414.36)	718.61 (348.25)	1125.47 (450.52)	966.89 (383.32)		
K_4	1199.87 (843.61)	1317.38 (337.04)	688.05 (325.63)	1854.34 (436.09)	688.69 (367.36)		
k_1	323.74 (137.49)	391.82 (135.48)	217.83 (103.25)	434.84 (168.59)	289.53 (131.29)	—	
k_2	387.42 (174.26)	377.53 (89.67)	193.22 (91.52)	401.29 (149.37)	310.61 (114.06)		
k_3	307.62 (179.81)	353.37 (103.59)	179.65 (87.06)	281.37 (112.63)	241.72 (95.83)		
k_4	299.97 (210.9)	329.35 (84.26)	172.01 (81.41)	197.31 (109.02)	172.17 (91.84)		
极差	87.45 (73.41)	62.47 (51.22)	45.82 (21.84)	237.53 (59.57)	138.44 (39.46)		
因素主次	离层：顶煤强度＞直接顶强度＞顶煤厚度＞直接顶厚度＞基本顶厚度						
	错动：顶煤厚度＞顶煤强度＞直接顶厚度＞直接顶强度＞基本顶厚度						

表 2-22　巷道结构参数数值模拟方案与结果

序号	因素					离层值/mm	错动值/mm
	埋深	宽高比	煤柱宽度	侧压比	采掘关系		
1	1(200m)	1(1)	1(5m)	1(1)	1(采前掘巷)	115.78	
2	1	2(1.4)	2(10m)	2(1.6)	2(掘采相迎Ⅰ)	341.54	351.97
3	1	3(1.8)	3(20m)	3(2.4)	3(掘采相迎Ⅱ)	473.63	464.32
4	1	4(2.2)	4(30m)	4(3.2)	4(采后掘巷)	139.34	275.48
5	2(400m)	1	2	3	4	449.21	327.61
6	2	2	1	4	3	771.46	527.31
7	2	3	4	1	2	506.37	342.76
8	2	4	3	2	1	469.48	207.88
9	3(600m)	1	3	4	2	592.64	478.26
10	3	2	4	3	1	325.62	289.54
11	3	3	1	2	4	317.78	219.37
12	3	4	2	1	3	572.54	326.67
13	4(800m)	1	4	2	3	634.18	338.13
14	4	2	3	1	4	223.56	93.55
15	4	3	2	4	1	573.55	217.43
16	4	4	1	3	2	479.61	236.41
K_1	1070.29 (634.89)	1269.75 (1220.37)	2108.86 (870.65)	1730.72 (900.03)	1484.45 (669.72)	—	—
K_2	887.54 (657.49)	1512.47 (1277.64)	2293.23 (886.61)	1938.21 (1117.35)	2196.91 (859.49)	—	—
K_3	1105.72 (714.77)	1158.63 (1145.74)	2453.55 (907.73)	1989.45 (1145.36)	2533.64 (1127.54)	—	—
K_4	1230.05 (789.01)	1097.49 (284.37)	2499.37 (1100.51)	2537.89 (1317.87)	1809.27 (601.32)	—	—
k_1	267.57 (158.72)	317.44 (305.1)	527.22 (217.66)	432.68 (225.11)	371.11 (167.43)	—	—
k_2	221.9 (164.37)	378.12 (319.41)	573.31 (221.65)	484.55 (279.34)	549.23 (214.87)	—	—
k_3	276.43 (178.69)	289.66 (286.44)	613.39 (226.93)	497.36 (286.34)	708.42 (281.89)	—	—
k_4	307.51 (197.25)	274.37 (233.09)	674.84 (275.13)	634.47 (329.47)	452.32 (150.33)	—	—
极差	85.63 (38.53)	103.75 (86.32)	147.62 (57.47)	201.79 (104.37)	337.31 (131.56)	—	—
因素主次	离层：采掘关系>巷道侧压比>巷道宽高比>煤柱宽度>巷道埋深						
	错动：采掘关系>巷道侧压比>煤柱宽度>巷道宽高比>巷道埋深						

2.5.2 顶板离层关键因素分析

通过对特厚煤层巷道中支护参数类、煤岩层性质参数类以及巷道结构布置参数类不同方案进行分析。数值计算模型如图 2-22 所示，方案众多不——列举。

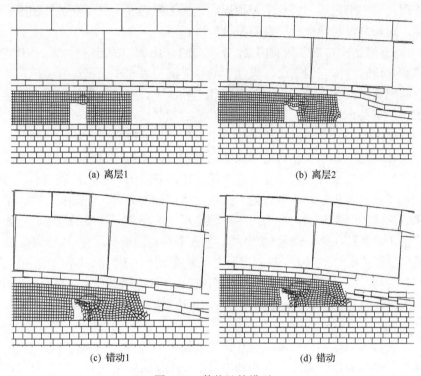

(a) 离层1   (b) 离层2

(c) 错动1   (d) 错动

图 2-22 数值计算模型

(1)支护参数类因素对煤巷顶板产生离层有较大的影响，各细分因素间的主次关系为：锚杆长度＞锚杆间距＞锚索角度＞锚索间距＞锚索长度。在考虑试验因素时，综合大量现场调研，挑选出对顶板控制起重要作用 5 个参量，分别为锚杆长度、锚杆间距、锚索长度、锚索间距和锚索角度因素。分析结果得出锚杆长度对煤巷顶板离层影响最大，煤巷顶板离层主要沿顶煤的节理面、煤岩分界面及直接顶的碎裂区域产生，锚杆对浅部围岩有提高整体强度的作用，能较好地限制浅部围岩的垂直分层与水平错动；锚索角度和锚杆间距对顶板离层的影响仅次于锚杆长度，带有一定角度的锚索能够增强顶板岩层的抗变形能力，减弱深部岩层对浅部岩层的影响；锚杆间排距从锚杆的支护密度上提高围岩的整体强度，抵抗采动影响不均匀下沉。

(2)煤岩性质类因素对离层的重要性次序为：顶煤强度＞直接顶强度＞顶煤厚度＞直接顶厚度＞基本顶厚度。选择顶煤厚度、直接顶厚度、基本顶厚度、顶煤强度和直接顶强度 5 个因素进行分析，顶煤强度和直接顶强度是造成煤巷顶板离层的主要因素，顶煤和直接顶是发生离层破坏的重点区域，在考虑这两个因素对煤巷顶板离层的影响时，不能单一考虑，围岩整体强度的提高才能避免顶板离层的产生，顶煤与直接顶强度之间的差距越大，发生顶板离层的就越大；顶煤一般比较破碎，采动影响时容易与上覆岩层分离，破碎低强度直接顶的下沉速度远大于基本顶，但小于顶煤，因此加强顶煤和直接顶的强度，促使巷道浅部围岩趋于整体化，对抑制煤巷顶板离层有着积极作用。

（3）对巷道结构布置参数类因素而言，综合考虑试验的准确性和可操作性，选择巷道宽高比、埋深、侧压比、煤柱宽度及采掘关系 5 个因素进行分析，其对离层的影响因素主次关系为：采掘关系＞巷道侧压比＞巷道宽高比＞煤柱宽度＞巷道埋深。采掘关系在很大程度上决定了巷道的承载模式，对巷道顶板离层影响最为突出，动压影响下的巷道远比静压巷道发生离层的概率大；巷道与上一工作面的采掘关系决定了其承受载荷的形式和剧烈程度，侧压比直接决定了巷道的受力分布合理性，对顶板煤岩层的状态起直接作用；巷道的宽高比反映出巷道跨度的增加加剧了顶板煤岩层沿垂直方向的位移，离层较为显著；煤柱宽度决定了巷道顶板围岩的应力分布状况，应力集中区域变形较为严重；巷道的埋深直接影响巷道围岩的上覆载荷，影响地应力的大小，间接对巷道顶板离层有一定影响。采动影响煤巷是采掘关系最不利的一种，需要考虑多重动压在不同时机不同范围的影响，最为复杂最易造成顶板离层，因此在控制顶板离层时应着重考虑，其次为巷道的侧压比，当巷道为采后掘巷、侧压比较小时，设计支护方案时需着重考虑巷道宽高比和煤柱宽度。

三大类因素与煤巷顶板离层的互馈关系如图 2-23 所示。影响顶板离层的最关键因素为：锚杆长度、顶煤强度和巷道与上一工作面的采掘关系，次要因素为锚

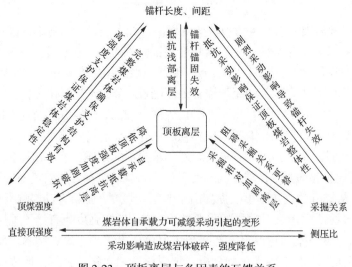

图 2-23　顶板离层与各因素的互馈关系

杆间距、直接顶强度和巷道的侧压比。锚杆的长度、间距能够保证浅部煤岩层的强度，提高对顶板离层的抵抗性，合理的锚杆支护参数对动压影响下顶板离层控制有显著影响；较强的顶煤与直接顶既能保证锚杆支护的有效锚固，也具有较高的自承载力，从而有利于采动影响煤巷的维护。

2.5.3　顶板岩层错动关键因素分析

顶板岩层产生离层后，极易引起在水平作用力下沿层面的水平错动。

(1)不同巷道支护参数对顶板岩层错动影响程度的主次关系为：锚索角度＞锚杆长度＞锚索间距＞锚索长度＞锚杆间距。顶板岩层的水平错动多出现在煤岩层离层分界面处，浅部煤岩在足够锚杆长度的支护下能保证整体稳定性，因此浅部围岩锚杆能限制其发生离层错动现象，但如果锚杆长度较短，仅仅是锚固于煤层中，由于煤层自身的稳定性较低，不能提供给锚杆较高的锚固力，进而会造成煤层的破坏，对离层错动的控制亦不会很明显，合适的锚杆长度或者是短锚索能够锚固于较为坚硬的岩层中，能够从横向和纵向控制煤岩层的运动，并能给上部岩层提供支撑力，对顶板岩层的整体稳定性作用巨大；锚索的角度不同对离层错动的影响不同，垂直于顶板的锚索对顶板垂直方向提供较大的锚固力，但在较大的水平剪切力作用下，锚索很容易产生破断失效，带有一定角度的锚索能够在岩层发生错动时提供较大的抵抗作用，促使煤岩层不会轻易地发生错动，当然锚索自身的强度也很重要，这里不再详述。锚杆锚索的锚固区域可以根据其锚固范围分成浅部和深部，锚杆为一级锚固区，锚索为二级锚固区，长短锚索的搭配亦可提供更广泛的锚固分区，在抑制顶板煤岩层水平错动时锚索的长度优势较为明显，锚索的角度限制了顶板煤岩层沿纵向和横向双向的运动，锚索间距决定了索锚固点及深浅部煤层集中锚固区域大小。因此，在预防顶板煤岩层错动时锚索的参数设定最为关键，其次是锚杆的参数设计，这样才能保证支护结构长短互补，在浅部和深部均能保证顶板围岩的稳定性。

(2)不同煤岩层性质对顶板煤岩层水平错动因素主次关系为：顶煤厚度＞顶煤强度＞直接顶厚度＞直接顶强度＞基本顶厚度。选择顶煤厚度、直接顶厚度、基本顶厚度、顶煤强度和直接顶强度五个因素进行分析，顶煤的性质参数对煤岩层交界面的水平错动显著，煤岩层分界面产生较大的离层错动后对上覆岩层的位移加剧，因此预防煤巷顶板的离层错动应先从控制顶煤的整体稳定性着手；直接顶的岩性也对水平错动有较大的影响，这是由于顶煤的破坏直接造成直接顶的支撑力减弱并且上覆载荷愈加强烈；基本顶的厚度对顶板离层错动影响虽然在竖直模拟中未体现出来，但基本顶大结构岩块的运动是造成煤巷围岩小结构载荷的直接影响因素，因此应尽量将支护结构锚固于坚硬的基本顶中。

(3)结构参数类主要包括：巷道宽高比、埋深、侧压比、煤柱宽度及采掘关系五个因素，各因素对顶板错动影响程度的主次关系为：采掘关系＞巷道侧压比＞

煤柱宽度＞巷道宽高比＞巷道埋深。由于采掘关系是造成剧烈采动影响的来源，最为明显的就是采掘相对 Ⅱ 条件下巷道顶板离层错动最为明显，例如，王家岭20102 区段采动影响煤巷采掘联合动压作用区，顶板岩层受采动影响破坏严重，垂直位移突出，围岩内部频出离层错动现象。巷道侧压比是巷道围岩水平作用力与垂直作用力最为直观的体现，水平作用力越大出现煤岩层水平错动的概率越大；其次是巷道的宽高比、煤柱宽度和巷道埋深对水平错动也有一定程度的影响，这主要体现在煤巷出现一定程度破坏后，这些因素的不利影响会加剧煤岩层的离层错动。

　　三大类因素与煤巷顶板岩层错动的互馈关系如图 2-24 所示。影响顶板错动的最关键因素为：锚索角度、顶煤厚度和巷道与上一工作面的采掘关系，次要因素为锚杆长度、顶煤强度和巷道的侧压比。锚杆索的合理参数能够形成不同深度、不同方向的协同支护体，提高顶板整体强度，能大大降低顶板煤岩层的水平错动。顶煤的强度也在很大程度上决定了浅部围岩的稳定性。采掘关系直接决定了巷道所承受矿压的类型，从巷道围岩破坏程度上来说，采掘关系对巷道顶板离层错动影响最为严重，因此选择合理的采掘关系，是保证巷道围岩离层错动最小化的有效途径。

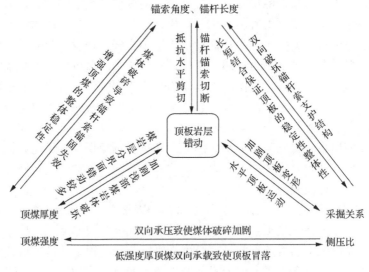

图 2-24　岩层错动与各因素间的互馈关系

参 考 文 献

[1] 李小裕, 丁楠, 蒋力帅. 三维条件下煤矿巷道锚杆支护参数正交数值模拟研究[J]. 中国煤炭, 2017, 43(9): 44-47.

[2] 殷帅峰. 大采高综放面煤壁片帮机理与控制技术研究[D]. 北京: 中国矿业大学(北京), 2014.

第3章 综放宽煤柱采动影响煤巷顶板煤岩体破坏机制

随采掘全过程综放宽煤柱采动影响煤巷经历了一个反复的加载和卸载过程，并伴随着能量的多次存储、释放和转移，本章从剧烈采动影响下煤巷支承压力响应特征出发，深究强采动条件下区段煤柱留设宽度与强采动煤巷围岩应力场的互馈关系，分析不同煤柱宽度下强采动煤巷围岩偏应力场和位移场分布与迁移的时空演化规律，明确综放宽煤柱采动影响煤巷顶板煤岩体灾变机制及其主要影响因素，为掘采动压联合作用区的巷道支护提供依据。

3.1 采动影响煤巷应力分布数值研究

3.1.1 模型建立及监测

针对王家岭矿综放工作面及煤巷围岩实际地质生产条件，使用 FLAC³ᴰ 模拟软件建立三维数值计算模型，如图 3-1 所示。该模型选取综放面的推进走向为 Y 轴方向，综放面倾向为 X 轴，竖直向上为 Z 轴方向，模型中煤岩层参数均根据20102区段回风平巷实际情况和煤岩物理力学试验结果设定。

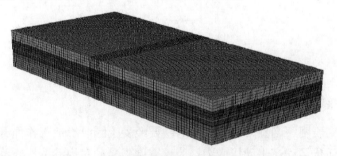

图 3-1 采动影响煤巷数值计算模型网络图

模型尺寸为：X 轴方向为煤层倾向 600m，Y 轴向为煤层走向 300m，Z 轴向为模型高 100m，模拟工作面长度 250m。其中，区段平巷为矩形断面，断面宽×高尺寸为 5.2m×3.5m。模型边界条件为：X 轴方向和 Y 轴方向边界水平方向固定约束，以近似无穷远处，Z 轴方向底部边界为固支约束，顶部为自由边界，并在该边界上按埋深施加垂直载荷 $\gamma H = 25\text{kN/m}^3 \times 260\text{m} = 6.5\text{MPa}$，根据矿方提供地应力测试结果水平侧向系数为1.2。计算模型选取：煤层、直接顶和底板岩层采用应变软化模型，其余岩体选用 Mohr-Coulomb 理想弹塑性模型。模型开挖过程为：原岩应力平衡—开挖 20104 综放面回风平巷—回采 20104 工作面—留设 19.4m 煤柱宽度，开挖 20102 区段平巷—回采 20102 工作面。为了分析 20104 工作面回采时，20102 工作面回风平巷围岩应力分布响应特征，在距离工作面 80m 处布置一个监测站，如图 3-2(a)所示，该监测站布点断面图如图 3-2(b)所示，巷道左右两边分别设置了 19 个测点，其中测点与测点的间距是 1m，其中 1 号测点与巷道壁的间距是 0.5m。随着工作面的推进，测站与工作面间距不同变化，分别在工作面前后各 80m 设置测点，正数表示工作面前方，负数表示工作面后方，测点间距每间隔 10m 布置一个，用以监测 20102 区段回风平巷的应力分布情况。

(a) 模型开挖及A测站布置

(b) 每个测站的断面测点布置

图 3-2　采动影响煤巷模型开挖和测点布置

3.1.2　剧烈采动影响煤巷应力响应特征

　　大量研究表明，剧烈采动影响煤巷主要经受上区段综放工作面开采期间顶板大结构剧烈活化运动产生动压应力，为探究剧烈采动对煤巷的影响程度和范围，收集距工作面不同距离时监测数据，分别绘制煤巷实体煤侧和煤柱侧应力分布曲线，如图 3-3 所示，其中，距巷道帮部的距离"+"表示巷道煤柱侧，"−"表示巷道实体煤侧。由图 3-3 可知，剧烈采动影响条件下 19.4m 煤柱综放煤巷两侧支承压力响应规律如下。

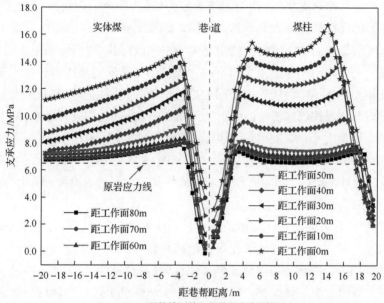

(a) 距综放面前方巷道应力响应特征

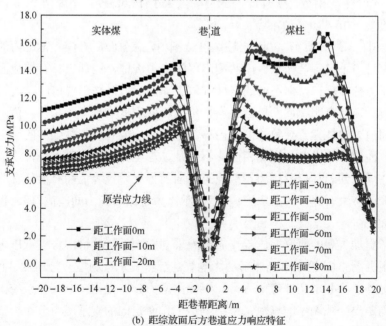

(b) 距综放面后方巷道应力响应特征

图 3-3　剧烈采动影响煤巷支承应力响应特征

(1)如图 3-3(a)所示,20m 煤柱宽度范围内,综放面前方煤柱范围内的支承压力分布呈"不对称马鞍状",两侧出现的应力峰值,距离工作面 50～80m 变化时,同一位置处的煤柱两侧峰值大小基本相同,距离工作面 0～50m 时,同一位置处的煤柱上区段综放面侧峰值应力值明显大于下区段煤巷(图中的 20102 回风平巷)侧应力值。另外,距工作面距离的不同,煤柱内整体的支承压力分布明显不同,峰值位置和大小亦不同。随着工作面的推进,煤柱范围内整体支承压力增大,峰值点位置逐渐向煤柱深部转移,如距工作面 50～80m 时,巷道侧应力峰值位置在 3.5m 左右,峰值大小由 7.35MPa 变化到 8.2MPa;距工作面 0～50m 时,峰值位置由 3.5m 变化到 4.5m 左右,峰值大小由 8.2MPa 变化到 16.7MPa。这表明随着工作面的邻近,剧烈采动应力升高,煤柱两侧破坏加剧,峰值点内移,应力梯度(支承压力与原岩应力的差值)随之加大。

(2)综放面前方巷道实体煤侧的应力呈单峰值,远离巷帮应力逐渐降低。随着工作面推进,峰值升高,峰值点向煤体深部转移,距离工作面 0m 附近达到最大值,达 14.6MPa。综合巷道实体煤侧和煤柱侧应力发现,与工作面距离一定时,煤柱侧应力峰值大于实体煤侧,峰值深度较实体煤侧大,应力梯度也随之加大,如距离工作面 0m 附近,实体煤侧应力峰值大小 14.6MPa,距煤帮 2.5m,煤柱侧应力峰值大小 15.4MPa,距煤帮 4m 左右。

(3)如图 3-3(b)所示,20m 煤柱宽度范围内,综放面后方煤柱范围内的支承压力分布也呈"不对称马鞍状",两侧出现的应力峰值,同样也具有综放面前方煤柱支承压力分布规律,但不同的是,综放工作面后方马鞍形峰值间跨度较综放工作面前方小,这表明综放面推过后煤柱出现不同程度的卸压,煤柱两侧破坏范围较综放面前方煤柱大,导致峰值点内移。综放面后方巷道实体煤侧的应力分布形式与综放面前方巷道实体煤侧相同,不同是,与工作面相同距离处,综放面后方巷道实体煤侧的总体支承压力较综放工作面前方大,且峰值和峰值位置分别较综放工作面前方大、深,明显应力梯度(支承压力与原岩应力的差值)随之也较综放面前方大。

为了更加直观的研究综放工作面剧烈采动影响下,巷道围岩支承压力场分布情况,根据图 3-3 绘制出剧烈采动影响煤巷三维支承应力响应分布图,如图 3-4 所示。另外,将巷道实体煤侧应力和煤柱侧应力分布视作一个整体系统,取距工作面不同距离处观测站的峰值量来绘制沿工作面走向的支承压力分布特征曲线,如图 3-5 所示。

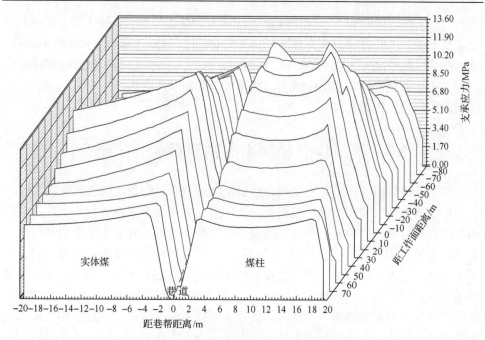

图 3-4　剧烈采动影响煤巷三维支承应力响应分布

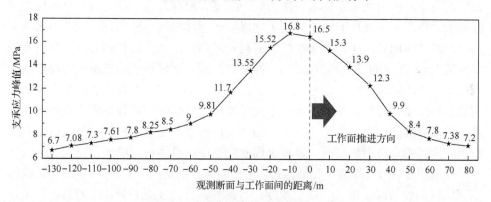

图 3-5　工作面走向剧烈采动影响区间

结合图 3-3～图 3-5 可得出如下结论。

(1) 煤巷受剧烈采动影响区域为综放工作面前方约 80m 至工作面后方 130m 范围，故综放工作面前后剧烈采动影响范围共计 210m。

(2) 根据图 3-5 可知，峰值支承压力曲线在工作面前后方 0～50m 和−70～0m 范围内的斜率比−130～−70m 和 50m 以外范围内的斜率较大，即 0～50m 和−70～0m 范围内邻近点支承压力差值明显高于−130～−70m 和 50m 以外范围，故可认为工作面前后方 0～50m 和−70～0m 范围内正在受大型综放工作面回采影响，强度剧烈。另外工作面前方 50m 区域未来势必受到类似的强剧烈采动影响，基于此，将巷道在工作面走向前方区域和后方 70m 的范围统称为剧烈采动 I 区，其中正在受剧烈采动范围的煤巷定义为 II 区（–70～50m 范围，强剧烈影响区共计约 120m），该区的其他范围定义为煤巷 I 区。工作面后方–130～70m 区域的采动影响强度小，后方–130m 范围侧方采空区上覆岩层基本处于稳定状态，为便于研究，将上述两区同归属似静压作用 II 区。

3.2　综放煤巷采动影响剧烈程度分区研究

对于经历相邻综放面和本区段综放面采动影响全过程的区段回风平巷来说，其受矿山压力作用的定性描述过程是[1,2]：①首先经历掘巷形成的端头支承压力影响，然后经历掘进影响稳定期。②随着相邻综放面的推进和邻近又经历侧向超前支承压力的作用；随着相邻综放面推过和采空区岩层运动垮落再经历滞后侧向支承压力甚至动压作用；随着相邻工作面继续推进，后方基本顶断裂下沉触矸后逐渐趋于稳定，煤巷再经受减弱了的侧向支承压力作用并进入侧向支承压力稳定期。③随着本区段综放面的推进和邻近，煤巷又经受本区段综放面的超前支承压力的叠加作用，即巷道围岩将经受上区段采空区侧向支承压力与本区段工作面回采引起的超前支承压力的双重影响，应力集中程度大幅度升高，巷道围岩将再次经受强烈的动压冲击，此时巷道围岩的采动影响敏感性较高，极易发生大范围破坏失稳。值得注意的是，王家岭煤矿综放面具有采高大、工作面长的特点，煤层开采厚度近 7m，工作面长度超过 200m，在采空区周边区域形成的支承压力峰值高、范围大，周边区域受采动影响的程度更大[3-5]。显然，应力在煤巷长度范围内经历明显的梯度变化过程，众所周知，不同梯度应力是影响综放煤巷稳定性的重要因素，所以有必要针对王家岭实际矿山活动，研究煤巷轴向不同位置处的应力分布特点，定量确定应力梯度区，以便为煤巷控制设计提供有力根据。

众所周知，随着综放工作面推进，工作面后方采空区上覆岩层发生回转运动，不同区域顶板的运动形式、剧烈程度、状态都将存在较大差异，随着巷道与工作面距离的不同而不同。由工作面往采空区后方延伸，可将采空区顶板依次分为：①顶板开始运动区，②顶板急剧运动破坏区，③顶板运动破坏稳定区。针对王家岭煤矿 20102 区段回风平巷开掘特点，该回风平巷与上区段 20104 工作面相向推进，区段平巷将不可避免与 20104 工作面相迎，将受到上区段工作面回采的不同梯度支承压力影响。

王家岭实际开采条件是 20104 综放工作面已经开采至 490m 处，20102 区段回风平巷对掘至 650m 附近，该煤巷设计长度为 1417m。基于前述现场矿压显现可以看出，20102 区段煤巷受采动影响最为剧烈的范围达 110m（工作面前方影响 50m，工作面后方影响 60m）。结合数值模拟分析及矿压理论可以得出，相邻 20104

回采工作面对 20102 区段平巷的剧烈影响范围比实际显现要大，可达 210m（工作面前方影响 80m，工作面后方影响 130m）。综合现场矿压显现、数值计算以及矿压理论可将采动影响煤巷按其受采动剧烈程度分为三个区域，分别为：Ⅰ-回采动压作用区，Ⅱ-掘采联合动压作用区，Ⅲ-采后静压作用区，如图 3-6 所示，各区段的范围及采动影响形式和程度如表 3-1 所示。

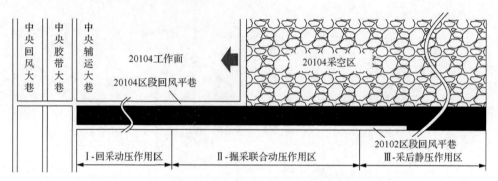

图 3-6　王家岭煤矿 20102 回风煤巷采动影响程度分区

表 3-1　煤巷采动影响分区表

分区	时机与形式	影响范围	矿压显现
Ⅰ-回采动压作用区	回采时动压	工作面前 80m，后 130m 左右	较剧烈
Ⅱ-掘采联合动压作用区	掘巷与回采时动压	停采线至工作面前 80m 左右	剧烈
Ⅲ-采后静压作用区	采后掘巷静压	工作面后 130m 以后	常规变形

3.3　煤巷掘采联合动压作用区数值分析

为了更加有力为掘采动压联合作用区的巷道支护提供依据，选取能综合表示各个力共同作用关系的评价指标进行分析，即偏应力理论。

3.3.1　偏应力不变量基础理论

在经典弹塑性力学中，应力应变本构关系被普遍用于描述煤岩体变形和破坏，并据此建立了 Mohr-Coulomb 强度准则、Drucker-Prager 强度准则、最大拉应力强度准则等用于评判围岩弹塑性力学行为。然而，在工程实践中煤岩体的变形破坏是一个反复的加载与卸载过程，加之煤岩体自身组织结构也很不规则，因而其在变形破坏过程中呈现出来的应力与应变关系非常复杂，仅仅通过应力或者应变不能全面反映煤岩体的稳定程度[6,7]。

图 3-7 为标准泥页岩试件在不同围压（0MPa、10MPa、20MPa 和 30MPa）条件下的应力应变曲线可知[8]：当围压为 0MPa 时，点 C 和点 D 的应变差异较小，但

岩块稳定状态却显著不同；当围压为 **30MPa** 时，点 *A* 和点 *B* 的应力差异较小，岩块稳定状态同样差异显著。由此可知，当采用应力和应变为指标来判定不同条件下岩块的稳定程度时，需要同时兼顾煤岩体力学性能、围岩受力大小和方向等诸多因素，这使得通过应力应变分析岩石稳定程度变得较复杂。

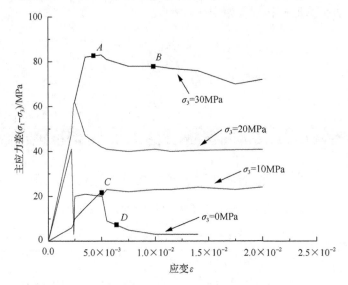

图 3-7　不同围压下泥页岩试块应力应变曲线

事实上，围岩变形破坏是由内部单元体的畸变能密度变化引起的，而围岩应力和应变的变化只是岩石变形破坏过程中一种的宏观表现，不能全面体现围岩变形本质。因此，本章在采用传统应力和应变表征围岩稳定程度的同时，提出采用偏应力不变量表征围岩稳定性。偏应力张量的三个不变量表达式分别为[9]

$$J_1 = S_1 + S_2 + S_3 = 0$$
$$J_2 = \frac{1}{6}\Big[(\sigma_1 - \sigma_2)^2 + (\sigma_2 - \sigma_3)^2 + (\sigma_3 - \sigma_1)^2 \Big] \tag{3-1}$$
$$J_3 = \left(\frac{2\sigma_1 - \sigma_2 - \sigma_3}{3} \right)\left(\frac{2\sigma_2 - \sigma_3 - \sigma_1}{3} \right)\left(\frac{2\sigma_3 - \sigma_1 - \sigma_2}{3} \right)$$

式中，σ_1、σ_2 和 σ_3 分别为试件的最大主应力、中间主应力、最小主应力；S_1、S_2 和 S_3 分别为偏应力张量的主偏应力；J_1、J_2 和 J_3 分别为偏应力张量的第一不变量、第二不变量和第三不变量。

当坐标变换时，虽然每个应力分量随着改变，但这一点的应力状态是确定不改变的，过该点任意斜面是哪个应力的客观性不会发生改变。因此三个系数 J_1、J_2 和 J_3 不会改变，其与坐标系的选取无关，它是不变量，我们称之为应力偏量不变量，依次称为应力偏量不变量的第一不变量、第二不变量、第三不变量，也称之为偏应力第一不变量、第二不变量、第三不变量。

偏应力不变量可以揭示巷道围岩内的畸变能累积情况和应变类型，通过巷道内偏应力不变量的分布特征可更加直接和真实地探析围岩内部潜在破坏情况，为评价沿空巷道顶板不对称破坏提供理论指导。因此，除采用传统应力和位移为指标探究沿空巷道围岩稳定性外，同时采用偏应力第二不变量和偏应力第三不变量来表征围岩稳定程度。

3.3.2　偏应力不变量物理意义

1. 偏应力第二不变量物理意义

通常，剪应力有广义剪应力、八面体剪应力、偏平面剪应力(π 平面剪应力)、纯剪应力、统计平均剪应力，这些剪应力均与偏应力第二不变量 J_2 有常数关系，如表 3-2 所示。

表 3-2　各剪应力及偏应力第二不变量之间关系

参数	J_2	q	τ_8	τ_π	τ_s	s_{ij}
偏应力第二不变量 J_2	J_2	$\dfrac{1}{3}q^2$	$\dfrac{3}{2}\tau_8^{\ 2}$	$\dfrac{1}{2}\tau_\pi^{\ 2}$	$\tau_s^{\ 2}$	$\dfrac{1}{2}s_{ij}s_{ji}$
广义剪应力 q	$\sqrt{3J_2}$	q	$\sqrt{\dfrac{3}{2}}\tau_8$	$\dfrac{3}{2}\tau_\pi$	$3\tau_s$	$\sqrt{\dfrac{3}{2}s_{ij}s_{ji}}$
八面体剪应力 τ_8	$\sqrt{\dfrac{2}{3}J_2}$	$\dfrac{\sqrt{2}}{3}q$	τ_8	$\dfrac{1}{\sqrt{3}}\tau_\pi$	$\dfrac{\sqrt{2}}{3}\tau_s$	$\sqrt{\dfrac{1}{3}s_{ij}s_{ji}}$
偏平面剪应力 τ_π	$\sqrt{2J_2}$	$\sqrt{\dfrac{2}{3}}q$	$\sqrt{3}\tau_8$	τ_π	$\sqrt{2}\tau_s$	$\sqrt{s_{ij}s_{ji}}$
纯剪应力 τ_s	$\sqrt{J_2}$	$\dfrac{1}{\sqrt{3}}q$	$\sqrt{\dfrac{3}{2}}\tau_8$	$\dfrac{1}{\sqrt{2}}\tau_\pi$	τ_s	$\sqrt{\dfrac{1}{2}s_{ij}s_{ji}}$
统计平均剪应力 τ_m	$\sqrt{\dfrac{2}{5}J_2}$	$\sqrt{\dfrac{2}{15}}q$	$\sqrt{\dfrac{3}{5}}\tau_8$	$\sqrt{\dfrac{1}{5}}\tau_\pi$	$\sqrt{\dfrac{2}{5}}\tau_s$	$\sqrt{\dfrac{1}{5}s_{ij}s_{ji}}$

由于剪应力是引起材料屈服和破坏的主要原因，因此在传统塑性力学和岩土塑性力学中，第二不变量 J_2 都是一个非常重要的物理量，其代表着剪应力的大小。

从表 3-2 中可以看出 J_2 与各种剪应力的关系如下：

$$J_2 = \frac{1}{3}q^2 = \frac{3}{2}\tau_8^{\ 2} = \frac{1}{2}\tau_\pi^{\ 2} = \frac{5}{2}\tau_m^{\ 2} \tag{3-2}$$

为此只要知道 J_2 的分布特征，就知道了要研究介质的各种剪应力分布特征，所要考虑的只是个常数关系问题。此外第二不变量还与畸变能有关。

畸变能的表达式可采用偏应力第二不变量表示为

$$
\begin{aligned}
W_{\mathrm{F}} &= G\varepsilon_{ij}\varepsilon_{ij} \\
&= \frac{G}{3}\Big[\big(\varepsilon_{xx}-\varepsilon_{yy}\big)^2+\big(\varepsilon_{yy}-\varepsilon_{zz}\big)^2+\big(\varepsilon_{zz}-\varepsilon_{xx}\big)^2\Big]+6\big(\varepsilon_{xy}{}^2+\varepsilon_{yz}{}^2+\varepsilon_{zx}{}^2\big) \\
&= \frac{1}{12G}\Big[\big(\sigma_1-\sigma_2\big)^2+\big(\sigma_2-\sigma_3\big)^2+\big(\sigma_3-\sigma_1\big)^2\Big] \\
&= \frac{J_2}{2G}
\end{aligned}
\tag{3-3}
$$

式中，G 为煤岩体剪切模量；ε_{ij} 为煤岩在不同方向的应变张量。

由式(3-3)可以看出，物体的畸变能(应变能)在剪切模量确定的情况下，与第二不变量的关系相差一个 $\dfrac{1}{2G}$ 常数。偏应力第二不变量 J_2 又多了一层畸变能量的物理意义。

2. 偏应力第三不变量物理意义

第三不变量 J_3 代表各剪应力在八面体或偏平面上的作用方向及应力偏张量作用形式的一个物理量[10]。偏应力张量第三不变量 J_3 符号可用来定性的判断剪应力的方向及物体所处的应变类型。

当三个主应力 $\sigma_1>\sigma_2>\sigma_3$ 时，则偏应力第一分量(s_1)和第三分量(s_3)存在以下关系：

$$
\begin{aligned}
s_1 &= \sigma_1-\sigma_{\mathrm{m}}>0 \\
s_3 &= \sigma_3-\sigma_{\mathrm{m}}<0
\end{aligned}
\tag{3-4}
$$

式中，σ_{m} 为应力张量的球张量分量。

偏应力张量第二分量可能出现大于、等于和小于零三种情况。

由 Levy-Mises 方程可得

$$
\frac{\mathrm{d}\varepsilon_1}{s_1}=\frac{\mathrm{d}\varepsilon_2}{s_2}=\frac{\mathrm{d}\varepsilon_3}{s_3}=\mathrm{d}\lambda
\tag{3-5}
$$

式中，$\mathrm{d}\varepsilon_1$、$\mathrm{d}\varepsilon_2$、$\mathrm{d}\varepsilon_3$ 分别为与三个偏应力分量所对应的应变增量；$\mathrm{d}\lambda$ 为恒为正的瞬时常数。

于是总有 $\mathrm{d}\varepsilon_1>0$，$\mathrm{d}\varepsilon_3<0$。当 $\mathrm{d}\varepsilon_2<0$ 时，构成的变形类型为"拉伸类"；当 $\mathrm{d}\varepsilon_2=0$ 时，构成的变形类型为"平面变形类"；当 $\mathrm{d}\varepsilon_2>0$ 时，构成的变形类型为"压缩类"。因此可得 J_3 与变形类型之间的关系如表 3-3 所示。

表 3-3　偏应力张量第三不变量与变形类型之间的关系

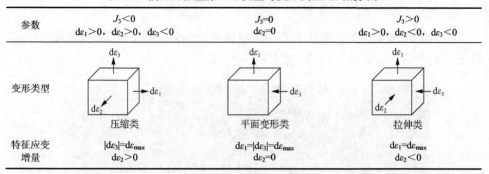

参数	$J_3<0$ $d\varepsilon_1>0$，$d\varepsilon_2>0$，$d\varepsilon_3<0$	$J_3=0$ $d\varepsilon_2=0$	$J_3>0$ $d\varepsilon_1>0$，$d\varepsilon_2<0$，$d\varepsilon_3<0$
变形类型	压缩类	平面变形类	拉伸类
特征应变增量	$\|d\varepsilon_3\|=d\varepsilon_{max}$ $d\varepsilon_2>0$	$d\varepsilon_1=\|d\varepsilon_3\|=d\varepsilon_{max}$ $d\varepsilon_2=0$	$d\varepsilon_1=d\varepsilon_{max}$ $d\varepsilon_2<0$

因此，偏应力张量第三不变量 J_3 的正负，可以定性分析介质内一点的变形类型。当 J_3 为负值时，尺寸减小占主导方向沿 $d\varepsilon_3$，介质内该点属于压缩类变形；当 J_3 为零时，沿 $d\varepsilon_2$ 方向尺寸不变，为平面变形类变；J_3 为正值时，尺寸增大占主导方向沿 $d\varepsilon_1$，属于拉伸类应变。

3.3.3　偏应力不变量的分布

为更加全面地了解剧烈采动条件下高梯度应力区采准巷道围岩剪应力、畸变特性、应变类型，在数值模型中布置剧烈采动影响煤巷顶板、煤柱帮、实体煤帮设置应力不变量监测线，如图 3-8 所示，以期全面掌握高梯度应力区下的围岩应力不变量响应特征，分别于顶板不同深度布置测线，监测顶板岩层各深度水平的应力不变量分布特征，分析综放剧烈采动影响煤巷顶板的畸变特征和不同应变分布规律。

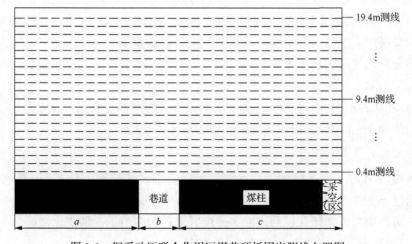

图 3-8　掘采动压联合作用区煤巷顶板围岩测线布置图

1. 偏应力第二不变量分布

本节对高梯度应力区条件下 20102 区段回风巷偏应力第二不变量进行可视化后处理，得出其等值线分布图，如图 3-9 所示。

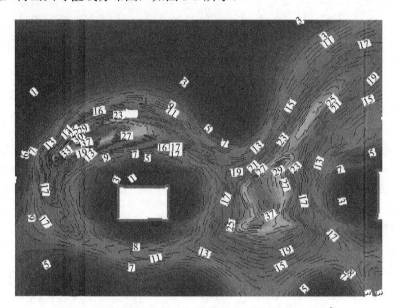

图 3-9　围岩偏应力第二不变量分布形态（单位：MPa^2）

1）高梯度区偏应力第二不变量分布

由图 3-9 可知，高梯度应力区条件下围岩偏应力第二不变量呈现如下分布形态。

（1）20104 综放面为大型综放工作面，其开挖扰动在围岩中产生的偏应力第二不变量呈高度集中态势，偏应力第二不变量等值线在煤柱和 20102 巷道周围岩体叠加组合形成偏应力第二不变量应力束，其分别在煤柱中线位置和实体煤帮侧形成两偏应力第二不变量高峰区。

（2）20102 区段回风平巷浅部偏应力第二不变量呈卸压状态，偏应力第二不变量应力值为 1~3MPa^2，形成浅部圆环状卸压区。

2）偏应力第二不变量分布曲线

从偏应力第二不变量场的分布形态可以看出其等值线的分布形态和影响范围。通过不变量变化曲线，对比顶板、实体煤帮、煤柱帮中不同层位的偏应力不变量，可以更加清晰地认识到高应力梯度区中的偏应力不变量变化特征。

（1）顶板岩层偏应力第二不变量响应特征。

20102 区段回风平巷高梯度应力区条件下顶板偏应力第二不变量分布曲线如

图 3-10 所示。由图可知，高梯度应力区条件下 20102 区段回风平巷顶板岩层偏应力第二不变量响应规律如下：20102 区段回风平巷顶板岩层中的偏应力第二不变量呈两种完全不同的形态：巷道顶板浅部(0.4~3.4m)呈现峰驼状分布，中部(4.4~6.4m)呈不均匀峰驼状分布，深部(5.4~19.4m)呈马鞍状分布。

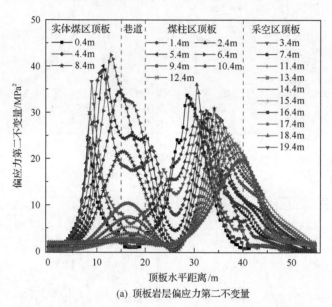

(a) 顶板岩层偏应力第二不变量

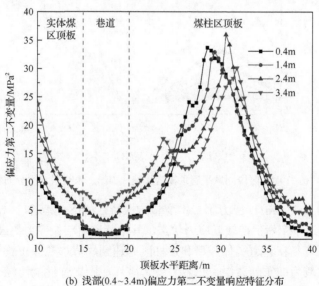

(b) 浅部(0.4~3.4m)偏应力第二不变量响应特征分布

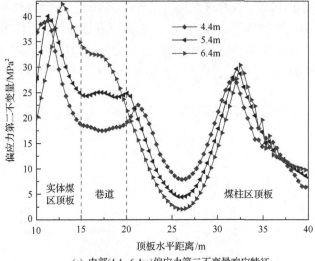

(c) 中部(4.4~6.4m)偏应力第二不变量响应特征

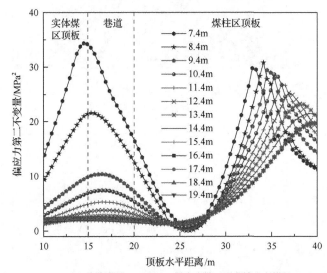

(d) 上位岩层(7.4~19.4m)偏应力第二不变量响应特征

图 3-10 20102 区段回风平巷顶板岩层偏应力第二不变量水平分布特征

　　①浅部(0.4~3.4m)偏应力第二不变量响应特征如下：巷道自由面上方顶板岩层中偏应力第二不变量保持较低应力状态，其中巷道中部偏应力值最小($<5MPa^2$)偏应力第二不变量在巷道实体煤帮和煤柱区内达到峰值($>25MPa^2$)，表明巷道低位岩层已发生较为严重的离层、扩容等变形破坏，围岩弹性能已经大部分释放。

　　②中部(4.4~6.4m)偏应力第二不变量响应特征如下：巷道自由面上方顶板岩层中偏应力第二不变量保持一定程度的应力值($>20MPa^2$)，且岩层层位越高，偏应力第二不变量值越大，实体煤侧和煤柱中仍存在两处明显偏应力第二不变量

峰值，且实体煤帮侧偏应力第二不变量峰值大于煤柱内，表明该区域内巷道顶板岩层具有一定承载能力，围岩变形能尚未充分释放，实体煤帮侧偏应力不变量保持较高应力值，具有较好的承载性能。

③上位岩层(7.4～19.4m)偏应力第二不变量响应特征如下：偏应力第二不变量分布呈马鞍状分布，其在巷道侧7.4～10.4m岩层呈单峰值状态，11.4～19.4m岩层呈一字形分布，偏应力不变量受巷道开掘扰动作用很小。在煤柱区域内偏应力第二不变量呈峰值状分布，且由浅至深偏应力第二不变量峰值减小且峰值逐步向采空区侧邻近。表明上位岩层顶板受巷道开掘影响逐渐减小，主要受采空区扰动的影响。

(2)煤柱帮偏应力第二不变量响应。

由图3-11可知，高支承压力区下20102区段回风平巷煤柱帮偏应力第二不变量分布特征如下：煤柱内偏应力第二不变量呈山峰状分布，峰值距巷道自由面8～10m处，峰值大小为30～35MPa^2，由煤柱浅部至深部峰值大小和位置变化不大。可见20m煤柱护巷条件下，受工作面回采和巷道开掘影响，煤柱偏应力第二不变量尚保持较高应力值，并未处于完全卸压状态，围岩保持者较高应力值，20m煤柱存在进一步优化的可能。

(3)实体煤帮偏应力第二不变量响应特征。

由图3-12可知，高支承压力区下20102区段回风平巷实体煤帮偏应力第二不变量分布特征如下：20102区段回风平巷开挖煤柱内引起的畸变范围约为12m，偏应力第二不变量峰值位于煤柱内部5～6m处，且煤柱各部分峰值强度整体呈现：中上部峰值强度大于下部。下部0.4m处偏应力第二不变量峰值强度约为14MPa^2，中部2.4m处偏应力第二不变量峰值强度约为18MPa^2，上部4.0m处偏应力第二不变量峰值强度约为25MPa^2。

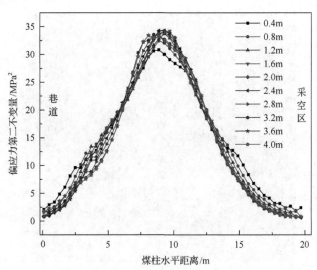

图3-11　20102区段回风巷煤柱帮偏应力第二不变量响应

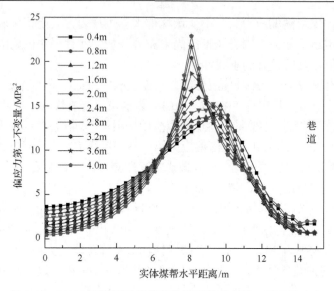

图 3-12　20102 区段回风平巷实体煤帮偏应力第二不变量响应

2. 偏应力第三不变量分布

1) 偏应力第三不变量场分布形态

（1）20104 综放面为大型综放工作面（长度、高度等因素），其开挖扰动在围岩中产生的偏应力第三不变量呈高度集中态势，偏应力第三不变量等值线在煤柱内大范围重合叠加形成偏应力第三不变量应力束，且在巷道实体区顶板亦形成偏应力第三不变量应力集中区，如图 3-13 所示。

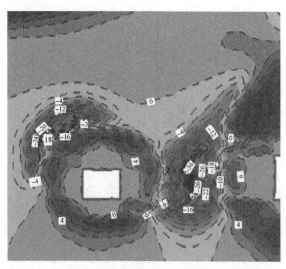

图 3-13　高支承压力区下围岩偏应力第三不变量分布形态(单位：MPa^3)

(2)20102 区段回风平巷开挖产生偏应力第三不变量呈圆环状分布于巷道四周，圆环内偏应力第三不变量保持较低应力值，围岩多处于拉应变状态。

(3)煤柱中间部位偏应力第三不变量处于较高应力值，该区域围岩应变类型为单一的压应变，围岩扰动对该区域影响不大。

2)偏应力第三不变量分布曲线

(1)顶板岩层偏应力第三不变量响应特征。

从偏应力第三不变量场的分布形态可以看出其等值线的分布形态和影响范围，对比顶板、实体煤帮、煤柱帮中不同层位的偏应力不变量，可以更加清晰地认识到高支承压力区下偏应力不变量变化特征。20102 区段回风平巷高支承压力区下顶板岩层偏应力第三不变量总体水平分布特征如图 3-14 所示。图 3-15 为20102 区段回风平巷高支承压力区下顶板岩层(巷道区域部分)偏应力第三不变量水平分布特征局部放大图。图 3-16 为 20102 区段回风平巷高支承压力区下顶板不同层位岩层偏应力第三不变量水平分布特征。

由图 3-14～图 3-16 可知，顶板偏应力第三不变量响应规律如下。

①浅部(0.4～3.4m)：煤柱帮侧 5～10m 分范围内，围岩偏应力第三不变量为0～–39MPa^3，围岩应变类型为压应变；自实体煤帮侧 5m 延伸至煤柱帮侧 5m 范围内顶板岩层偏应力第三不变量应变值为 0～10MPa^3，围岩处于拉应变状态；煤柱区域内 5～15m 范围内偏应力第三不变量 0～–40MPa^3，应变类型为压应变；靠近采空区侧 5m 范围内为拉应变。

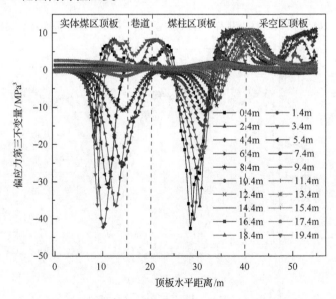

图 3-14　20102 区段回风平巷顶板岩层偏应力第三不变量水平分布特征

②浅部(4.4～8.4m)偏应力第三不变量响应特征如下：自实体煤帮侧 8m 延伸至巷道煤柱帮顶板岩层偏应力第三不变量应变值处于 0～-40MPa³ 范围内，围岩处于压应变状态；煤柱帮至采空区侧偏应力第三不变量由平面应变逐步过渡为压应变最终过渡为拉应变。

③实体煤帮至煤柱区域 10m 范围内围岩偏应力第三不变量应力值约为 0MPa³，围岩为平面应变类型，煤柱区 10m 至采空区顶板岩层为拉应变、压应变和平面应变混合区域。

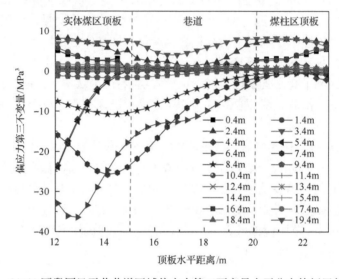

图 3-15　20102 区段回风平巷巷道区域偏应力第三不变量水平分布特征局部放大图

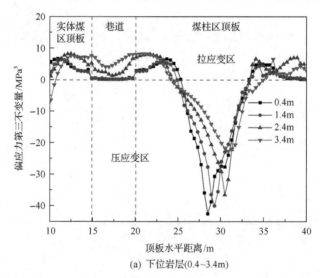

(a) 下位岩层(0.4~3.4m)

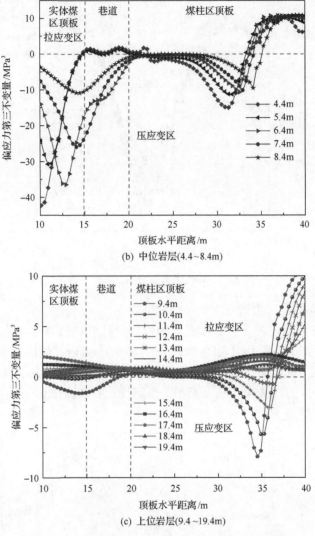

(b) 中位岩层(4.4~8.4m)

(c) 上位岩层(9.4~19.4m)

图 3-16　20102 区段回风巷道顶板不同层位岩层偏应力第三不变量水平分布特征

(2)煤柱帮偏应力第三不变量响应特征。

由图 3-17 可知,高支承压力区下 20102 区段回风平巷煤柱帮偏应力第三不变量分布特征如下:距离巷道 0~5m 范围内偏应力第三不变量先增大后减小,应力值为正,处于拉应变状态;5~12m 范围内,偏应力第三不变量先减小后增大(0MPa^3—-40MPa^3—0MPa^3)围岩处于压应变状态;12~20m 范围内,煤柱内偏应力第三不变量为正值,应变类型为拉应变。

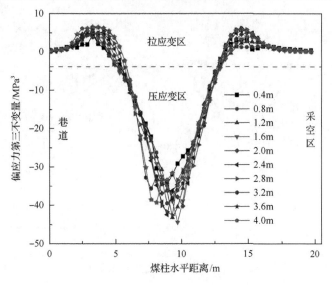

图 3-17　煤柱帮偏应力第三不变量响应

(3)实体煤帮偏应力第三不变量响应特征。

由图 3-18 可知，高支承压力区下 20102 区段回风平巷实体煤帮偏应力第三不变量分布特征如下：距巷道表面 5m 范围(10～15m)内，偏应力第三不变量先增大后减小，应力值恒为正值，处于拉应变状态；5～10m 范围内平应力第三不变量先减小后增大为 0MPa^3，应变类型为压应变；巷帮深部(0～5m)以后，应变为平面压应变类型。

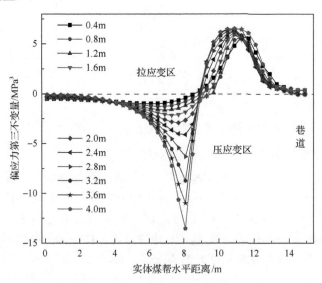

图 3-18　实体煤帮偏应力第三不变量响应

综上所述，相对于Ⅰ-回采动压作用区和Ⅲ-采后静压作用区，拉应变在Ⅱ-采掘联合动压作用区滞后转化更为明显：剧烈采动高支承压力区下，20102 区段回风平巷顶板浅部范围内围岩破坏较为严重，围岩保持较低畸变能量值，应变类型为拉应变；中位岩层范围内围岩保持较高程度畸变能，围岩保持较高的承载能力，应变类型由拉应变向平面应变类型转化，深部围岩畸变能分布受巷道开挖扰动作用较小，围岩应变为单一压应变。对比分析浅部围岩和中深部围岩应变类型和破坏状态，浅部围岩破坏严重从力学本质上是由于浅部围岩拉应变在空间与时间上向有利应变转化的滞后引起。煤柱帮内偏应力第二不变量呈先增大后减小的趋势，应变类型为拉应变—压应变—拉应变转化。实体煤帮偏应力第二不变量呈先增大后减小的趋势，应变类型：拉应变—压应变—平面应变。偏应力不变量综合研究指标表明，拉应变滞后转化形式是影响煤巷围岩采动影响剧烈程度的主导因素。

3.4 偏应力场分布的柱宽效应

强采动条件下区段煤柱宽度与强采动煤巷围岩应力场的互馈关系，分析不同煤柱宽度（20m、16m、12m、8m、4m）下强采动煤巷围岩偏应力场分布形态及数据分布曲线。数值模拟过程：原岩应力平衡—相邻工作面区段平巷开挖—相邻工作面回采—本工作面区段平巷（巷宽 5.0m）—计算至平衡—分析强采动煤巷围岩偏应力场分布形态及数据指标。

3.4.1 第二不变量柱宽效应

不同煤柱宽度下（20m、16m、12m、8m）强采动煤巷顶板偏应力第二不变量分布形态如图 3-19 所示，不同煤柱宽度下（20m、16m、12m、8m、4m）顶板不同层位偏应力第二不变量变化曲线如图 3-20 所示，煤柱侧、实体煤柱侧顶板偏应力第二不变量峰值演化特征分别如图 3-21 和图 3-22 所示。

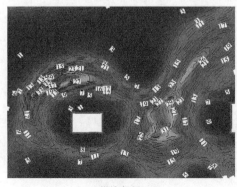 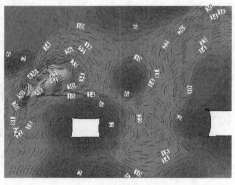

(a) 煤柱宽度20m   (b) 煤柱宽度16m

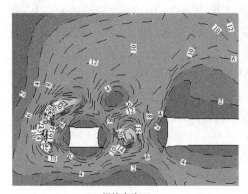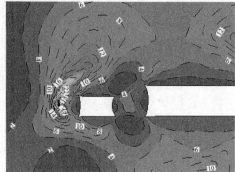

(c) 煤柱宽度12m　　　　　　　　　　　(d) 煤柱宽度8m

图3-19　不同煤柱宽度下顶板岩层内偏应力第二不变量分布特征(单位：MPa²)

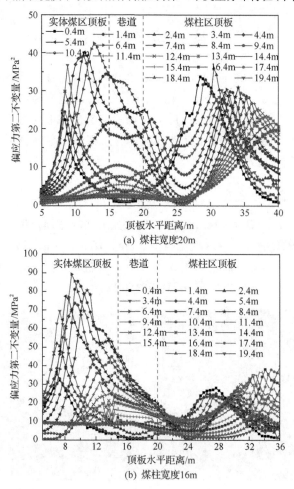

(a) 煤柱宽度20m

(b) 煤柱宽度16m

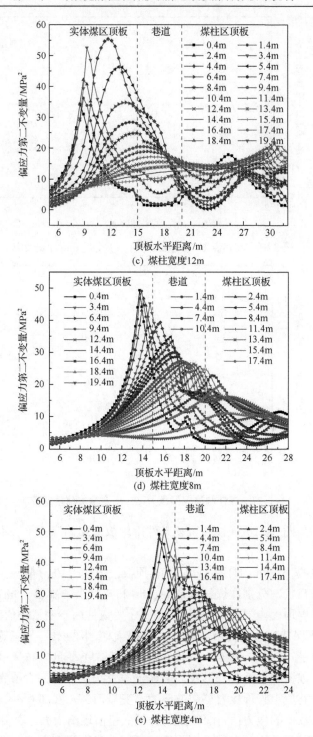

(c) 煤柱宽度12m

(d) 煤柱宽度8m

(e) 煤柱宽度4m

图 3-20 不同煤柱宽度下顶板岩层内偏应力第二不变量变化曲线

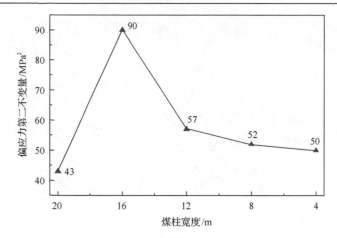

图 3-21 实体煤侧顶板偏应力第二不变量峰值柱宽效应

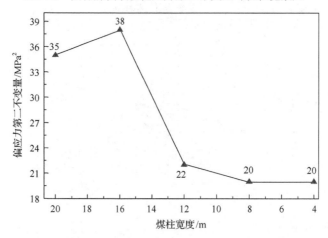

图 3-22 煤柱侧顶板偏应力第二不变量峰值柱宽效应

由图 3-19～图 3-22 可知,强采动条件下顶板岩层偏应力第二不变量响应规律如下。

(1)当煤柱宽度 20m 时[图 3-20(a)],顶板浅部(0～10m)偏应力第二不变量分布呈不对称马鞍状,分别在煤柱内(8～10m)和实体煤帮侧(3～5m)形成两个应力峰值区,实体煤顶板内不变量峰值为 43MPa^2,煤柱内不变量峰值为 20MPa^2,表明 20m 煤柱上保持有较高的承载能力,在覆岩大结构回转、下沉等运动过程中集聚了大量形变能。顶板深部(10～20m)偏应力第二不变量分布呈单峰形态,峰值位于煤柱内,顶板处于 0 变量状态,表明沿空巷道顶板深部岩层受采动影响程度逐渐降低。就巷道上方顶板岩层中偏应力不变量而言,浅部 0～3.4m 范围内偏应力不变量保持较低的应力值,深部偏应力不变量值逐渐增大,表明 20m 护巷煤柱巷道顶板 0～3.4m 范围内出现不同程度卸压,巷道围岩变形破坏较大。

(2)当煤柱宽度为 16m 和 12m 时[图 3-20(b)、(c)],煤柱区和实体煤帮区偏应力不变量仍呈明显的集中态势,应力集中区分别位于煤柱内 6～8m 和实体煤帮侧 3～5m,煤柱区内偏应力不变量峰值约为 30MPa^2,实体煤顶板偏应力第二不变量峰值约为 90MPa^2,呈显著不对称的马鞍形分布。综上表明随着煤柱宽度减小,煤柱承载能力显著降低,煤柱在覆岩运动下开始出现明显的破坏,导致煤柱内赋存的能力开始释放;巷道顶板上方浅部岩层内(3.4m)偏应力第二不变量保持 90MPa^2,巷道受采动影响程度较高,围岩变形较大。

(3)当煤柱宽度减小至 8m 乃至以下时[图 3-20(d)、(e)],整体而言,强采动煤巷顶板中偏应力第二不变量呈单峰值分布形态,峰值位于实体煤帮侧 2～3m 范围内,峰值强度为 50MPa^2,煤柱内偏应力第二不变量呈逐渐降低的趋势,可见煤柱宽度小于 8m 时,煤柱承载性能已经有了大幅度衰减;但巷道及煤柱上方顶板内偏应力而言,8m 煤柱时不变量要大于 4m 煤柱,8m 煤柱合理性更强;巷道顶板岩层中偏应力第二不变量自实体煤帮至煤柱帮近似线性降低趋势,顶板岩层蕴藏能量呈现明显不对称,煤柱帮侧顶板变形破坏要远大于实体煤帮侧。

(4)由图 3-21 和图 3-22 可知,随着煤柱宽度减小,煤柱内偏应力峰值呈先增大后减小的趋势,并在煤柱宽度为 16m 时,偏应力第二不变量达到最大值,可见煤柱宽度大于 16m 时,煤柱内有一定宽度弹性核区;但当煤柱宽度小于 16m 时,弹性核区逐步减小;当煤柱宽小于 8m 时,弹性核区基本不存在,偏应力不变量峰值转移至实体煤区顶板深处。

3.4.2　第三不变量柱宽效应

不同煤柱宽度下(20m、16m、12m、8m)强采动煤巷顶板偏应力第三不变量分布形态如图 3-23 所示,顶板不同层位偏应力不变量监测曲线如图 3-24 所示。

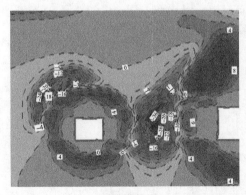
(a) 煤柱宽度20m

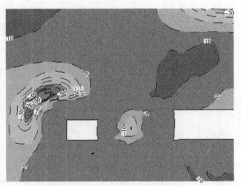
(b) 煤柱宽度16m

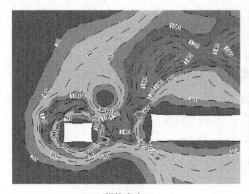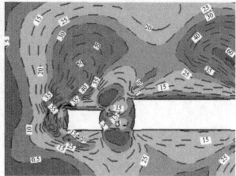

(c) 煤柱宽度12m   (d) 煤柱宽度8m

图 3-23 不同煤柱宽度下顶板岩层内偏应力第三不变量分布特征(单位：MPa^3)

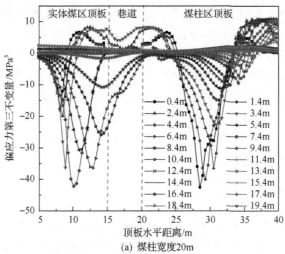

(a) 煤柱宽度20m

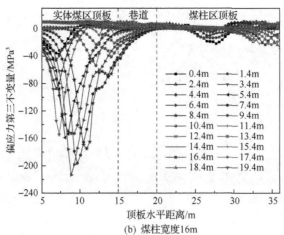

(b) 煤柱宽度16m

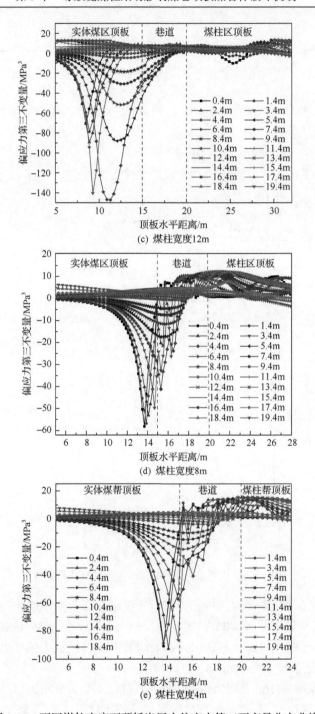

图 3-24 不同煤柱宽度下顶板岩层内偏应力第三不变量分布曲线

由图 3-25 和图 3-26 可知，不同煤柱宽度下顶板岩层内偏应力第三不变量分布规律如下。

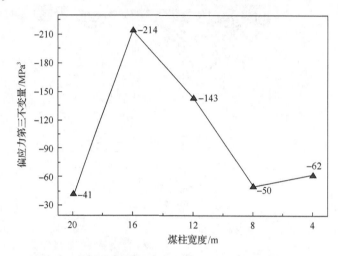

图 3-25　实体煤侧顶板偏应力第三不变量峰值柱宽效应

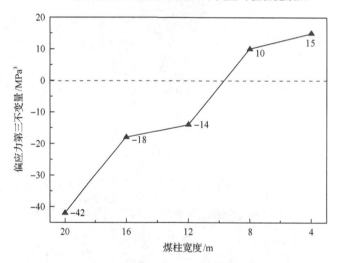

图 3-26　煤柱侧顶板偏应力第三不变量峰值柱宽效应

(1)煤柱宽度为 20m 时，偏应力第三不变量分布为"倒峰驼"状，实体煤帮侧偏应力第三不变量为–44MPa^3，煤柱内偏应力第三不变量为–48MPa^3，两部分煤体处于高强度压应变状态；浅部煤体在巷道及其延伸区域内偏应力第三不变量为 0～10MPa^3，处于拉应变状态。

(2)煤柱宽度为 16m 和 12m 时，偏应力第三不变量分布为单一峰值状，峰值区位于实体煤帮深部 5m 左右，煤柱区域内偏应力第三不变量大于–10MPa^3，可见随着煤柱宽度减小，煤柱内岩体压应变范围和程度逐步减小。

(3)随着煤柱宽度进一步减小至 8m 以下时，顶板岩层内偏应力第三不变量发生显著变化，以巷道中线区域为界，靠近煤柱帮侧顶板岩体处于拉应变状态，最大偏量值为15MPa^3；靠近实体煤帮侧顶板岩体处于较高的压应变状态；巷道区出现拉应变和压应变类型的剧烈转化。

综上所述，通过对不同煤柱宽度条件下应力不变量的数值模拟分析可知：当煤柱宽度大于 8m 时，煤柱及其上方顶板岩体内偏应力不变量存在峰值区，应变类型为压应变或处于平面应变类型，煤岩体具有较强的承载能力，煤柱宽度存在进一步优化的必要；当煤柱宽度不大于 8m 时，偏应力第三不变量峰值集中于实体煤帮侧，巷道顶板处于偏应力不变量降低区域，偏应力第三不变量在巷道区域出现剧烈的拉压应变转化，此时煤柱煤岩体受到采动影响较为强烈，采取合理的控制措施可保证巷道稳定。

参 考 文 献

[1] 李磊, 柏建彪, 王襄禹. 综放沿空掘巷合理位置及控制技术[J]. 煤炭学报, 2012, 37(9): 1564-1569.

[2] 侯朝炯, 李学华. 综放沿空掘巷围岩大、小结构的稳定性原理及其应用[J]. 煤炭学报, 2001, 26(1): 1-6.

[3] 马其华, 郭忠平, 樊克恭, 等. 综放面矿压显现特点与沿空掘巷可行性[J]. 矿山压力与顶板管理, 1997(3): 153-155.

[4] 翟明华, 王云海, 张顶立, 等. 综放回采巷道锚网支护的模拟研究[J]. 矿山压力与顶板管理, 1998, (2): 49-51.

[5] 吴锐. 综放巷内预充填无煤柱掘巷围岩结构演化规律与控制技术[D]. 徐州: 中国矿业大学, 2014.

[6] Mohan G M, Sheorey P R, Kushwaha A. Numerical estimation of pillar strength in coal mines[J]. International Journal of Rock Mechanics & Mining Sciences, 2001, 38(8): 1185-1192.

[7] 许国安, 靖洪文, 丁书学, 等. 沿空双巷窄煤柱应力与位移演化规律研究[J]. 采矿与安全工程学报, 2010, 27(2): 160-165.

[8] 赵忠虎, 谢和平. 岩石变形破坏过程中的能量传递和耗散研究[J]. 四川大学学报(工程科学版), 2008, 40(2): 26-31.

[9] 杨桂通. 弹塑性力学[M]. 北京:人民教育出版社, 1980.

[10] 李云祯, 黄涛, 戴本林, 等. 考虑第三偏应力不变量的岩石局部化变形预测模型[J]. 岩石力学与工程学报, 2010, 29(7): 1450-1456.

第4章 综放窄煤柱沿空煤巷顶板煤岩体不对称破坏机制

综放松软窄煤柱沿空巷道覆岩结构及其矿压显现明显区别于传统宽煤柱巷道。鉴于此，本章基于综放沿空煤巷顶板铅垂和水平方向变形破坏相对于巷道横截面中心轴存在实质不对称性，建立综放沿空巷道上覆岩层不对称梁结构整体力学模型，深究采动影响条件下顶板沿铅垂方向和水平方向的失稳准则和判断依据。同时研究采掘进程不同阶段综放沿空煤巷顶板煤岩体偏应力场分布与迁移的时空演化规律，解算顶板在铅垂方向与水平方向运移破坏的动态响应，阐明顶板不对称性分布规律，进而指明与之相适应的控制方向，为综放沿空巷道顶板灾害防治提供理论依据。

4.1 综放窄煤柱沿空煤巷上覆岩层结构特征

综放窄煤柱沿空煤巷一侧为采空区，其围岩结构特性和破坏机理与相邻工作面回采后覆岩破断结构及运动规律密切相关。巷道断面、煤柱宽度、多重采动、掘巷时机以及相邻工作面开采强度等是回采巷道围岩维护的关键影响因素。在这些因素的影响下，回采巷道围岩破坏具有不对称性，且在窄煤柱条件下显得尤为突出。故相邻综放工作面端头覆岩破断结构特征和运动过程对分析区段回采巷道围岩不对称破坏机理具有重要的理论和现实意义。

4.1.1 侧向顶板破断结构判定

综放沿空巷道矿压显现特征与上覆关键层的结构形态及其运动特征密切相关，尤其是煤层上方基本顶对巷道矿压显现起主要控制作用。由采场覆岩运动的"三带"理论可知，上覆岩层中垮落带、裂隙带和弯曲下沉带的区位特征取决于下部煤层开采厚度，而关键层在"三带"中的位置决定了关键层破断后形成的结构状态和运动形式。以往研究表明，在厚及特厚煤层综放开采或大采高开采过程中，因煤体一次性采出量大，形成的采出空间大，致使上部岩层大范围剧烈活动，在常规开采高度下可形成砌体梁结构的关键层，在开采高度增大的情况下可能因回转下沉变形较大而形成悬臂梁结构，但更高位岩层仍可形成稳定的砌体梁结构。因此，关键层破断形成的空间结构与赋存状态取决于开采煤层的高度及关键层在覆岩中的位置，下部煤体采出后上部基本顶能否形成稳定砌体梁结构是首要关注的问题。

岩层破断后呈悬臂梁结构主要原因在于破断岩块的可能回转量 Δ 大于维持其稳定结构的最大回转量 Δ_{max}，即岩层破断后形成悬臂梁结构的临界条件为

$$\Delta > \Delta_{max} \tag{4-1}$$

图 4-1 中，M 为开采煤层厚度，h 为基本顶厚度，q 为岩层受到的覆岩载荷。根据矿山压力与岩层控制理论可知，下部煤体采出后，直接顶垮落后与上部岩层形成的空间高度，即岩层可能回转量可由式 (4-2) 表示：

$$\Delta = M(1-\eta) + (1-K_p)\sum h_i \tag{4-2}$$

式中，Δ 为垮落岩体与基本顶岩层间的高度，m；K_p 为垮落直接顶岩体碎胀系数；$\sum h_i$ 为基本顶与煤层间岩层厚度，m；η 为煤炭损失率。

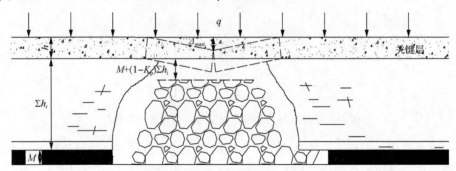

图 4-1　基本顶破断回转运动示意图

根据矿山压力与岩层控制理论可知，岩层破断后形成稳定砌体梁结构所允许的最大回转量 Δ_{max} 为

$$\Delta_{max} = h - \frac{qL_0^2}{kh\sigma_c} \tag{4-3}$$

式中，L_0 为岩层的破断长度，其取值可由矿压观测数据求得，m；k 为无量纲系数（$k=0.1h$）；σ_c 为岩层抗压强度，其值取实验室力学参数的 0.3 倍。

将式 (4-2) 和式 (4-3) 代入式 (4-1) 可得

$$M(1-\eta) + (1-K_p)\sum h_i > h - \frac{qL_0^2}{kh\sigma_c} \tag{4-4}$$

当满足式 (4-4) 时，基本顶破断将形成悬臂梁结构，否则将破断形成砌体梁结构。以王家岭煤矿 20103 工作面为例，开采煤层厚度 $M=6.2\text{m}$；直接顶厚度 $\sum h_i = 2.0\text{m}$；

基本顶厚度 h=9.2m；经矿压实测得工作面周期来压步距约为 17m，即 L_0 取值为 17m；直接顶碎胀系数 K_p 为 1.2；$q=\gamma H$=25kN/m³×（280～300）m=7.0～7.5MPa；基本顶单轴抗压强度 σ_c 取 42.69MPa。将以上各个参数代入式(4-2)得到可能回转量 Δ=2.5m，代入式(4-4)可得基本顶破断形成稳定砌体梁所允许的最大回转量 Δ_{max}=3.6m，显然 $\Delta < \Delta_{max}$，因而下部煤体采出后综放面基本顶将会破断并与相邻块体铰接形成砌体梁结构。同样的，在综放工作面端头基本顶亦会破断形成砌体梁结构。20103 区段运输平巷综放开采覆岩结构模型如图 4-2 所示。

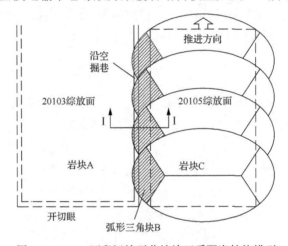

图 4-2 20103 区段运输平巷综放开采覆岩结构模型

图 4-2 中，弧形三角块结构可以看成沿空煤巷上方的"大结构"，巷道围岩看成承载小结构，其中大结构的稳定性对小结构的稳定性起决定作用，而围岩小结构的失稳也会造成大结构的运动。弧形三角块结构的稳定性影响因素众多，如基本顶强度、基本顶岩块的长度和厚度、直接顶煤岩性质及后期的采掘活动等，但从本质上看弧形三角块结构的稳定多由其关键岩块的参数决定，如关键岩块 B 的长度，与 A 岩块的分界位置，可以总结为基本顶侧向断裂位置与巷道的关系。从弧形三角块结构三个岩块的自由程度来看，关键岩块 B 的运动将最直接且最容易引起大结构的运动，并对巷道围岩稳定性造成强烈影响。因此，基本顶关键岩块 B 的断裂位置是影响覆岩大结构和围岩小结构的重要参数。依据基本顶断裂位置与巷道的空间关系，可以将采空区侧向断裂结构分为四种基本形式[1,2]，如图 4-3 所示。在这四种基本断裂形式具体情况如下。

(1)关键岩块 B 于实体煤上方断裂，岩块 A 可看成悬臂梁结构。

(2)关键块 B 于巷道上方断裂，由于岩块在掘巷和工作面回采的过程中产生回转、下沉等一系列运动，给巷道围岩造成很大的扰动。

(3)基本顶断裂位置处在煤柱上方时，采动产生的强烈影响主要作用于煤柱，进一步加快煤柱的破坏,促使煤柱塑性区进一步扩大,给煤柱及巷道围岩稳定性的控制增加了难度。

(4)关键块 B 在煤柱外侧及采空一侧断裂时,基本顶沿倾向不形成完整的连接结构,此时岩块 A 可以简化为简支梁结构,巷道围岩及煤柱受采动影响相对较小。

分析图 4-3 中四种断裂结构对巷道围岩的影响程度可得:图 4-3(b)和(c)两种情况下巷道围岩将受采动影响程度较严重,巷道围岩易破坏,究其根本是上覆岩层断裂结构的旋转轴在巷道和煤柱上方,将直接对巷道顶板和煤柱、煤岩体造成冲击,覆岩结构任意时刻的运动都将直接作用于煤柱和巷道围岩,在煤柱和巷道围岩较大的范围内引起应力集中,巷道围岩在采动影响下极易产生破坏,并迅速退出围岩承载体系。当覆岩结构为图 4-3(d)所示情况时,此时基本顶岩块在巷道上方沿倾向并不能形成连接的整体结构,所形成结构相对简单,作用于巷道围岩的荷载亦是简单且较小,巷道围岩经受的扰动较小,对于剧烈采动影响下的大断面煤巷围岩控制最有利。

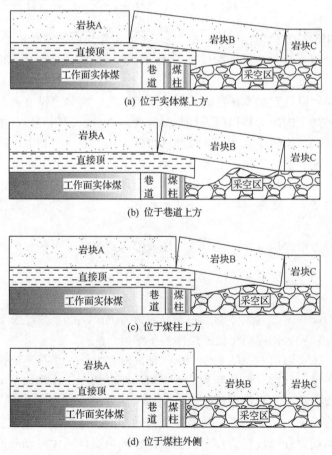

图 4-3　基本顶断裂结构形式

由前述分析可知，基本顶在采空区侧方断裂位置，即沿空煤巷侧向顶板结构尺寸，是覆岩结构稳定性的决定性因素，也是评判结构稳定性及围岩稳定性控制的重要参数。采动影响下，基本顶断裂位置将直接影响工作面、煤柱沿倾向的支承压力分布规律，对煤柱尺寸的合理确定起关键作用，从而在相当大的程度上决定了巷道围岩稳定性控制的难易程度。笔者认为，随着工作面回采的进行，基本顶破断基本位于煤体弹塑性交接处，贯通裂隙组产生后基本顶以该处为旋转轴随采动影响产生回转下沉运动。

4.1.2 侧向顶板结构尺寸特征

侧向岩块 B 的结构特征及其运动状态是沿空巷道稳定性的主控因素，明确侧向岩块 B 的几何特征及其与巷道矿压的关系是十分必要的。侧向岩块 B 的几何尺寸包括厚度、长度及其在侧向煤体内的断裂位置。岩块 B 的长度 L 可根据式(4-5)确定：

$$L = L_0 \left[\sqrt{(L_0 / S)^2 + 3/2} - L_0 / S \right] \tag{4-5}$$

式中，L_0 为相邻综放面周期来压步距，m；S 为相邻综放工作面长度，m。

侧向岩块 B 在煤体内的断裂位置受到多种因素影响，包括基本顶的厚度和强度、直接顶的厚度和强度、煤体厚度和强度、工作面开采尺寸等。根据"内、外应力场"理论可以确定基本顶在煤体内的断裂位置，侧向岩块 B 破断后，上覆岩层传递到实体煤上的压力将以断裂线为界分为两部分，即断裂线与侧向煤壁间的"内应力场"(S_1) 和断裂线深部区域的"外应力场"(S_2)，其中，内应力场范围内应力取决于断裂拱内岩层自重及其运动状况，围岩整体处于低应力状态，有利于巷道维护；外应力场将承受上覆岩层重力及断裂拱外传递过来的附加应力，围岩处于高应力状态，如图 4-4 所示。由此可知，内应力场的范围即为基本顶破断大致位置。

根据材料力学理论可知，在内应力场范围内距煤壁 x 处的煤体受到的垂直应力可表示为

$$\sigma_y = G_x y_x \tag{4-6}$$

式中，σ_y 为距煤壁 x 处的煤体受到的垂直应力，Pa；G_x 为距煤壁 x 处的煤体的刚度模量，N/m^3；y_x 为距煤壁 x 处的煤体的压缩量，m。

由煤矿开采实践可知，随着煤壁由浅部向深部发展，煤体逐渐由二维受力状态转变为三维受力状态，煤体受到的水平应力逐渐增大，使得煤体的垂直压缩量逐渐减小，煤体压缩变形量在煤壁处达到最大压缩量。同理，水平应力也直接决定着煤体刚度模量的分布特征，随着煤壁由浅部向深部发展，煤体的刚度模量亦逐渐增大。为简化计算，可将煤壁浅部一定范围内煤体压缩量和刚度模量变化进行线性处理，进而得到如下表达式：

$$\frac{y_x}{y_0} = \frac{x_0 - x}{x_0}, \quad \frac{G_x}{G_0} = \frac{x}{x_0} \tag{4-7}$$

整理得

$$y_x = \frac{y_0}{x_0}(x_0 - x), \quad G_x = \frac{G_0}{x_0}x \tag{4-8}$$

式中，G_0 为内应力场范围内煤体的最大刚度，N/m；y_0 为采空区边缘煤体的压缩量，m；x_0 为内应力场的范围，m。

内应力场范围内垂直应力 F 可积分表达如下：

$$F = \int_0^{x_0} \sigma_y \, \mathrm{d}x = \int_0^{x_0} G_x y_x \, \mathrm{d}x \tag{4-9}$$

将式(4-8)代入式(4-9)，化简可得

$$F = \frac{G_0 y_0}{x_0^2} \int_0^{x_0} x(x_0 - x) \, \mathrm{d}x = \frac{G_0 y_0 x_0}{6} \tag{4-10}$$

由传递岩梁理论可知，工作面初次来压过程中，采场四周煤体上的垂直应力可近似等于基本顶岩层的重量，由此可得

$$F = \frac{G_0 y_0 x_0}{6} = S C_0 h \gamma \tag{4-11}$$

式中，S 为工作面倾向长度，m；C_0 为工作面初次来压步距，m；h 为基本顶岩层厚度，m。

由图 4-4 可知 y_0、x_0 几何关系如下：

$$\frac{y_0}{x_0} = \frac{\Delta h}{L_0} \tag{4-12}$$

式中，Δh 为基本顶岩层的最大下沉量，m；L_0 为岩梁悬跨度，约等于综放面周期来压步距，m。

由矿山压力与岩层控制理论可知，基本顶最大下沉量为

$$\Delta h = M - \sum h_i (K_p - 1) \tag{4-13}$$

由式(4-12)和式(4-13)可得煤体压缩量表达式为

$$y_0 = \frac{x_0}{L_0}[M - \sum h_i (K_p - 1)] \tag{4-14}$$

处于塑性状态的煤体刚度 G_0 可表示为

$$G_0 = \frac{E}{2(1 + \mu)\xi} \tag{4-15}$$

式中，E 为煤体弹性模量，Pa；μ 为煤体的泊松比；ξ 为完整性系数，其与煤体内裂隙发育情况有关。

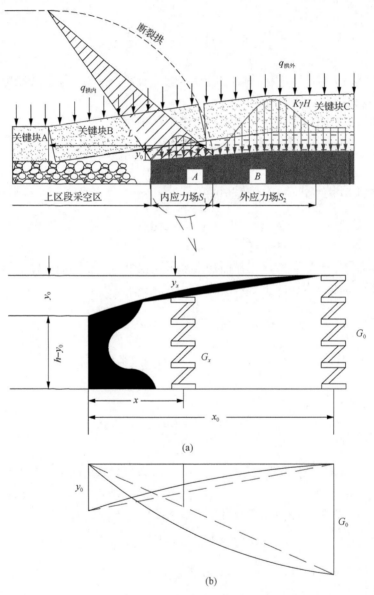

(a)

(b)

图 4-4　综放沿空巷道基本顶破断结构模型

联立式(4-11)、式(4-14)和式(4-15)可得内应力场的分布范围 x_0：

$$x_0 = \sqrt{\frac{12\gamma h S C_0 L_0 \xi (1+\mu)}{E\left[M - \sum h_i (K_p - 1)\right]}} \tag{4-16}$$

　　由式(4-16)可知，内应力场范围的影响因素可以概括为三大类：第一类为岩体几何参数，如直接顶厚度、煤层厚度和基本顶厚度；第二类为工程参数，如工作面倾向长度、周期来压步距和初次来压步距等；第三类为煤岩体物理力学性质参数，如煤体的弹性模量、完整性系数和垮落岩体的碎胀系数等。可见，式(4-16)可以较全面地反映多种因素对内应力场范围的影响。由 20103 工作面地质生产条件可知，工作面倾向 $S = 260\text{m}$，煤层厚度 $M = 6.2\text{m}$，直接顶厚度 $\sum h_i = 2\text{m}$，基本顶厚度 $h = 9.2\text{m}$；岩体平均容重 $\gamma = 25\text{kN/m}^3$，煤体弹性模量 $E = 2.06\text{GPa}$，煤体泊松比 $\mu = 0.36$；初次来压步距 $C_0 = 32\text{m}$，$\xi = 0.8$。将上述参数代入式(4-16)得内应力场范围 x_0 为 5.86～6.19m，即基本顶破断位置距采空区煤壁 5.86～6.19m。20103 区段运输平巷掘进期间上覆岩层结构模型如图 4-5 所示。

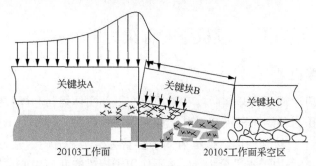

　　　　　　　　图 4-5　20103 区段运输平巷综放沿空掘巷覆岩结构模型

　　20103 区段运输平巷掘进时正处于采空区覆岩运动的剧烈运动期，巷道掘出后相当长的时间内都将受到关键块 B 回转运动影响。在关键块 B 回转运动过程中，上覆岩层压力和岩块自重向深部岩体转移形成侧向支承压力 q，并对直接顶和顶煤施加回转变形压力 σ。关键块回转运动对沿空巷道围岩稳定性影响分析如下。

　　(1)理论计算表明，侧向岩块长度近 20m，厚度达 9.2m，基本顶岩梁自重及上覆载荷作用在岩梁上的总载荷较大，致使传递到下部煤体上的增量载荷增大，从而引起支承压力峰值和影响范围明显增大。20103 巷道区域煤体正处于支承压力影响范围内，在高支承压力长期反复作用下围岩裂隙发育，整体性遭受破坏，巷道开挖后围岩短时间内形成大范围破碎。

　　(2)侧向顶板在煤体内的破断位置距煤壁约 6m，侧向顶板端部距煤壁约 15m，因此顶板回转下沉运动过程必将会引发较大的偏斜挤压力。巷道顶板为软弱煤体，含 1～3 层泥岩夹矸，层面间黏结力低、结合性差，受该回转力矩作用，必将导致巷道直接顶和煤层薄弱岩层间的滑移、错动和膨胀变形。

　　(3)20103 巷道与采空区间隔煤柱宽度仅 8m，正处于支承压力的剧烈变化区，巷道附近煤岩体受不均衡垂直应力作用，加之煤柱帮受围岩运动影响而产生较大塑性破坏，承载能力下降，其对顶板约束能力亦下降，而实体煤帮承载能力及对顶板约束能力要明显强于煤柱帮。上述应力分布和围岩力学性能的不均衡分布必然导致煤柱侧顶板严重下沉。

(4)窄煤柱作为砌体梁结构的一个支撑点承受着较大垂直载荷,且基本顶断裂线距煤柱帮水平距离仅 1.4~2.0m,围岩动载作用必将使得煤柱帮产生较大压缩变形,加之煤柱及其上部直接顶裂隙严重发育形成大范围贯通带,两者相互作用将共同导致煤柱帮上方顶板出现嵌入和台阶下沉现象。

(5)因采出煤体厚度近 7m,直接顶厚度仅为 2.0m,侧向顶板 B 回转空间大,从开始下沉到最终稳定所需要时间长,使得巷道掘出后较长时间内都会受到覆岩运动影响。现场矿压观测亦发现,20105 工作面推过两个月后,在 20103 区段运输平巷掘进过程中仍可听到煤岩体断裂声音。

4.2　顶板不对称梁力学模型

4.2.1　整体力学模型

20103 区段运输平巷开掘后,巷道顶板在下部实体煤帮和煤柱的支撑作用及上部侧向支承压力和侧向岩块 B 对其造成的偏斜挤压力共同作用下处于静力平衡状态。岩块 B 对直接顶的偏斜挤压力 σ 可分解为沿水平方向的分力 N_B 和沿垂直方向的分力 σ_B,且由于水平分力 N_B 并不作用于岩梁的几何中心位置,故还将对岩梁产生附加的力矩 M_B;认为垂直方向的分力 σ_B 与岩梁的压缩量呈正比例关系。以沿空巷道顶煤与直接顶为研究对象,建立沿空巷道顶板梁结构模型,如图 4-6所示。X 轴沿顶板梁中线位置指向采空区,Y 轴垂直向上。

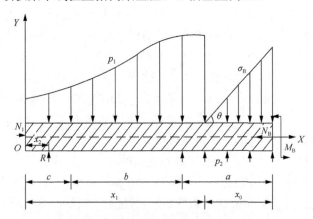

图 4-6　综放沿空巷道顶板不对称梁力学模型

p_1 为基本顶岩层对直接顶施加的作用力;p_2 为窄煤柱对直接顶的作用力;N_B 和 σ_B 为关键块 B 回转运动对直接顶和顶煤产生的沿水平方向和垂直方向的应力;M_B 为水平力 N_B 对岩梁产生附加的力矩;R 为实体煤帮对顶板和直接顶的作用力;a 为煤柱宽度;b 为巷道宽度;c 为实体煤帮破坏深度;x_0 为基本顶断裂线与煤壁距离;x_1 为侧向支承压力峰值与坐标原点的距离;x_2 为实体煤帮作用力与坐标原点的距离;θ 为关键块 B 的回转角

假设基本顶对直接顶的压力 p_1 近似认为等于相邻综放面回采形成的侧向支承压力，根据潘岳等[3,4]研究成果，侧向支承压力是由上覆岩层载荷与覆岩运动引起的增量载荷两部分构成，其表达式如下：

$$p_1 = \gamma H + \frac{5}{3}(14 - x)e^{\frac{x-10}{4}} \tag{4-17}$$

根据力的平衡原理，沿 x 轴和 y 轴列平衡方程可得

$$\begin{cases} N_1 - N_B = 0 \\ R + p_2 a - \int_0^{x_1} p_1 dx - \dfrac{K x_0^2 \tan\theta}{2} = 0 \end{cases} \tag{4-18}$$

式中，N_1 为顶板岩梁端部力矩；$x_1 = a + b + c - x_0$；K 为最大应力集中系数。

对 $x = 0$ 位置列弯矩方程可得

$$M_B + p_2 a(a/2 + b + c) + R x_2 - \int_0^{x_1} p_1 x dx - \frac{K x_0^2 \tan\theta}{2}(x_1 + 2x_0/3) = 0 \tag{4-19}$$

$$c = \frac{\lambda M}{2\tan\varphi} \tag{4-20}$$

式中，λ 为侧压系数；M 为开采煤层厚度，m；φ 为煤体内摩擦角，(°)。

侧向岩块 B 回转运动对顶板岩梁产生的力矩 M_B 可以表示为

$$M_B = K x_0^2 \tan^3\theta (3h' - 4x_0 \tan\theta)/12 \tag{4-21}$$

$$\theta = \arcsin\frac{m - (K_p - 1)\sum h_i}{L} \tag{4-22}$$

式中，h' 为直接顶(包括顶煤)厚度，m。

煤柱承载能力与煤柱宽度、煤体力学性质、埋深等因素有着直接关系，其近似表达式如下：

$$p_2 = \frac{\gamma}{1000a}\left[\left(a + \frac{S}{2}\right)H - \frac{S^2}{8\tan\beta}\right] \tag{4-23}$$

式中，β 为煤体剪切角，(°)。

实体煤帮对直接顶的作用力 R 及其作用位置可表示为

$$R = \int_0^{x_1} p_1 dx + \frac{K x_0^2 \tan\theta}{2} - p_2 a \tag{4-24}$$

$$x_2 = \frac{2\int_0^{x_1} p_1 x \mathrm{d}x + Kx_0^2 \tan\theta\left(x_1 + x_0/2\right) - 2M - pa(a+2b+2c)}{2\int_0^{x_1} p_1 \mathrm{d}x + Kx_0^2 \tan\theta - 2pa} \tag{4-25}$$

对 $x=[c,b+c]$ 区域内顶板岩梁列弯矩方程可得

$$M(x) = \int_0^x (x-\xi)q(\xi)\mathrm{d}\xi - R(x-x_2) \tag{4-26}$$

联立式(4-17)～式(4-19)可得 $[c,b+c]$ 区域内弯矩表达式如下：

$$M(x) = \left\{\gamma Hx_1 - \frac{20\sqrt{e}}{3e^3}\left[18 + e^{\frac{x_1}{4}}(x_1-18)\right] + \frac{Kx_0^2}{2}\tan\theta - p_2 a\right\}(x_2 - x)$$
$$+ \frac{3\gamma He^3 x^2 - 80\sqrt{e}\left(2xe^{\frac{x}{4}} - 44e^{\frac{x}{4}} + 9x + 44\right)}{6e^3} \tag{4-27}$$

记 $M(x)$ 的最大值为 $M_{\max}$，根据材料力学有：

$$\frac{M_{\max}}{W_z} \leqslant [\sigma] \tag{4-28}$$

式中，W_z 为弯曲截面系数，对于矩形截面，$W_z = \frac{I_z}{h/2} = \frac{bh^2}{6}$，其中 I_z 为岩梁横截面对中性轴的惯性矩，b 为岩梁宽度，h 为岩梁高度；$[\sigma]$ 为许用弯曲正应力，一般就以材料的许用拉应力作为其许用弯曲正应力。

式(4-28)可以作为顶板的破坏失稳准则与判据。

4.2.2　弯矩分布特征

根据王家岭矿地质生产资料，各参数取值如下：煤柱宽度 $a = 8\text{m}$，巷道宽度 $b = 5.6\text{m}$，煤层厚度 $M = 6.2\text{m}$，直接顶(含顶煤)厚度 $h' = 4.6\text{m}$，关键块 B 长度 $L = 20\text{m}$，岩体平均容重 $\gamma = 25\text{kN/m}^3$，煤岩体剪切角 $\beta = 20°$，直接顶刚度 $k = 47.75\text{MPa}$，垮落直接顶碎胀系数 $K_p = 1.2$，煤体内摩擦角 $\varphi = 40°$，最大应力集中系数 $K = 1.36$，关键块 B 断裂线与煤壁距离 $x_0 = 6.1\text{m}$，侧压系数 $\lambda = 1.2$。将上述参数代入式(4-27)得沿空巷道顶板区域(4.4～10m 范围)弯矩方程如下：

$$M(x) = e^{\frac{x}{4}}(353.2 - 31x) + 3.3x^2 + 15.25x - 168.42 \tag{4-29}$$

根据式(4-29)可得巷道顶板岩梁弯矩分布特征，如图 4-7 所示。由图可知：

①沿空巷道顶板弯矩沿巷道中轴线($x = 7.2$m 处)呈显著的不对称分布特征,靠煤柱侧顶板弯矩值明显大于实体煤侧,表明靠煤柱侧顶板受到的垂直方向拉应力明显大于靠实体煤侧,更容易发生拉伸破坏;②最大弯矩值出现在 $x = 8.5$m 位置处(距离煤柱帮 1.5m 处),巷道变形破坏将首先在该部位出现,然后向其他部位拓展,因此,在支护设计过程中应对该区域围岩重点支护。

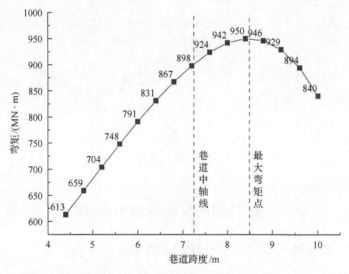

图 4-7　综放沿空掘巷顶板梁弯矩分布

4.2.3　挠度分布特征

由材料力学可知,挠度(ω'')与弯矩关系如下:

$$EI\omega'' = M(x) \tag{4-30}$$

式中,E 为顶煤的弹性模量,Pa;I 为惯性矩,m^4。

将式(4-29)代入式(4-30)可得直接顶岩梁挠度方程为:

$$\omega(x) = e^{\frac{x}{4}}(443.4 - 22.85x) + 0.0127x^4 + 0.117x^3 - 3.88x^2 - 319.44x + 4.61 \tag{4-31}$$

巷道顶板岩梁挠度分布特征如图 4-8 所示。可见与顶板岩梁弯矩分布特征相似,挠度分布亦沿巷道中心轴呈显著的不对称特征:靠煤柱侧顶板下沉量明显大于实体煤侧,最大变形位置出现在 $x = 8.5$m 位置处,是巷道顶板的重点支护区域。

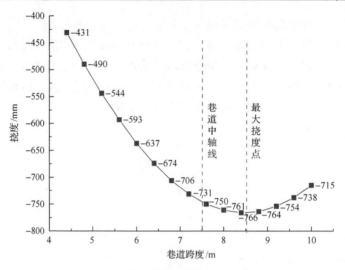

图 4-8　综放沿空掘巷顶板梁挠度分布

4.3　顶板不对称破坏规律

4.3.1　相邻工作面回采期间侧向煤岩体应力分布

由于 20105 工作面属于高强度开采工作面，大量煤体被采出必将引起较大范围的顶板岩层运动，进而造成相邻的 20103 工作面实体煤组织结构损伤，表现为应力偏量的改变[5]。为研究 20105 工作面推进造成的采动影响，模拟 20105 工作面回采 250m 时相邻煤体上偏应力第二不变量和第三不变量分布特征。

1. 偏应力第二不变量分布

20105 工作面回采期间偏应力第二不变量分布形态如图 4-9 所示，图 4-9(a)和(b)为模型高度 $z = 34m$ 处偏应力不变量分布形态。由图 4-9(a)和(b)可知：①工作面回采引起采空区四周煤体上偏应力第二不变量迅速增大，就侧向实体煤上的偏应力第二不变量分布情况而言，沿走向方向，其在采空区中部位置达到最大值，自采空区中部向两侧逐渐减小。②沿倾向方向，自采空区边缘往深部煤体转移，偏应力第二不变量呈先增大后减小趋势，在远离工作面区域偏应力趋近于零。造成这一分布特征的原因在于，采空区煤体采出使得其上部覆岩压力开始向实体煤上方转移，导致实体煤内畸变能开始增大，当煤体内累积的畸变能密度达到煤体破坏极限时，采空区边缘煤体发生损伤，损伤后的煤体承受和存储畸变能的能力大幅下降，从而导致畸变能往更深部煤体转移，以此类推，工作面回采产生的畸变能不断向深部煤体转移；在这个过程中由于部分畸变能用于煤体破坏而不断耗散，畸变能总和不断减小，直至煤体强度刚好可以承受剩余的畸变能密度时，才能达到新的平衡状态。综上可知，偏应力不变量的最终分布状态取决于两个因素：一是开采强度的大小，开采强度越高，岩层运动越剧烈，引起的畸变能密度变化越大；二是煤体强度，煤体强度越大，其损伤所需的畸变能密度越大。两者之间相互作用、相互牵制决定了最终的偏应力不变量分布形态。

为了进一步掌握偏应力第二不变量 (J_2) 的侧向分布特征，分别在煤层 $(z=34\text{m})$、底板 $(z=30\text{m})$ 和顶板 $(z=42\text{m})$ 处设置 1#、2#、3#测线，提取各测线的应力数值，进而拟合偏应力不变量侧向分布曲线如图 4-9(c) 所示。就 1#测线而言，煤体内偏应力第二不变量在煤壁 $(x=0\text{m})$ 处的应力值为 0MPa^2，随着向煤体深部转移，应力值保持迅速增长，并于距煤壁约 15m 处达到最大值 4.8MPa^2，随后偏应力不变量开始缓慢降低并于距煤壁 30m 处趋于 0MPa^2。由此可知，20105 工作面推进将引起相邻 30m 范围内侧向煤体畸变能增大，使得该范围内煤体裂隙不断扩展、发育。对 2#测线和 3#测线而言，偏应力不变量与 1#测线变化趋势基本一致，但峰值应力和影响范围明显不同：顶板岩层 (2#测线) 偏应力不变量峰值为 9.6MPa^2，影响范围约为 70m；底板岩层 (3#测线) 偏应力不变量峰值为 3.8MPa^2，影响范围为 48m。

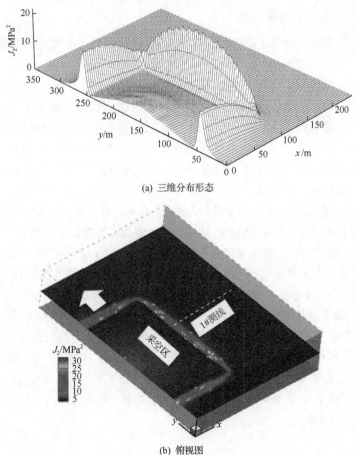

(a) 三维分布形态

(b) 俯视图

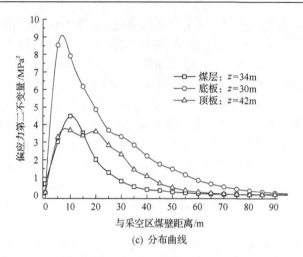

(c) 分布曲线

图 4-9　20105 工作面回采引起的偏应力第二不变量分布特征

2. 偏应力第三不变量分布

20105 工作面推进引起的畸变能转移、存储过程必然导致煤岩体发生损伤破坏，表现为应变类型的变化。20105 工作面回采期间偏应力第三不变量分布形态如图 4-10 所示，其中 4-10(a) 和 (b) 为模型高度 $z=34$m 处偏应力不变量分布形态。由图 4-10(a) 和 (b) 可知：①未受采动影响时，煤体应变为平面应变类型，煤体内偏应力第三不变量恒为零；20105 工作面回采使得侧向煤体受到较大垂直载荷，采空区边缘一定范围内煤体产生压缩应变，偏应力不变量变为负值，但未受到采动影响的较远处煤体仍处于平面应变类型；②工作面尖角部位应力较集中，是变形破坏的关键部位，易发生拉伸破坏，该区域内的偏应力第三不变量为正值。

为进一步掌握偏应力第三不变量(J_3)的侧向分布特征，分别在煤层($z=34$m)、底板($z=30$m)和顶板($z=42$m)处设置 1#、2#、3#测线，提取各个测线上的应力数值，进而拟合得出偏应力第三不变量侧向分布曲线如图 4-10(c)所示。就 1#测线而言，煤体内偏应力第三不变量在煤壁($x=0$m)处的应力值为 0.23MPa^3，随着向煤体深部转移，应力值迅速减小至负值并继续大幅降低，在距煤壁约 10m 处达到最小值 -1.35MPa^3，随着继续向煤体深部转移，偏应力不变量开始逐渐增大但始终小于零，并于距煤壁 35m 处逐渐趋于零。由此可知，20105 工作面推进将引起相邻 35m 范围内侧向煤体组织结构损伤并发生压缩应变。对于 2#测线和 3#测线而言，偏应力不变量与 1#测线变化趋势基本一致，但峰值应力和影响范围明显不同：顶板岩层内(2#测线)偏应力不变量峰值为-3.26MPa^3，影响范围约为 22m；底板岩层内(3#测线)偏应力不变量峰值为-2.78MPa^3，影响范围为 38m。

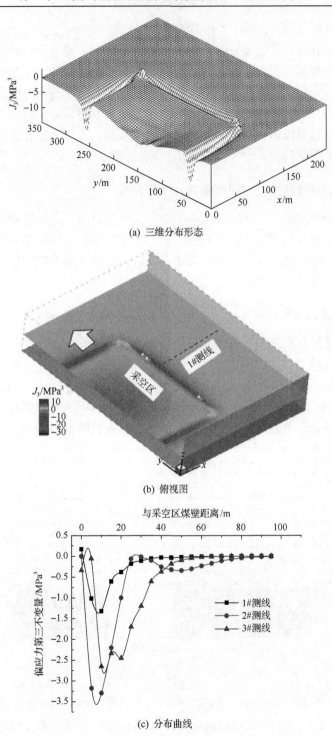

(a) 三维分布形态

(b) 俯视图

(c) 分布曲线

图 4-10　20105 工作面回采引起的偏应力第三不变量分布特征

由上述分析可知，20105 工作面推进将引起相邻 30m 范围内侧向煤体畸变能的储存、释放和转移，在该过程中煤体裂隙开始扩展、发育，引发组织结构损伤而处于压缩应变状态。由工程条件可知，20103 区段运输平巷与 20105 工作面采空区间的区段煤柱宽度为 8.0m，则 20103 区段运输平巷掘进前，所在区域的煤体已经发生损伤。可见，20105 工作面推进使得沿空巷道附近区域的煤岩体处于高畸变能聚集状态且煤体自身亦发生了显著压缩应变，巷道开挖行为将导致围岩畸变能的二次释放和转移，引发煤岩体进一步损伤破坏。

4.3.2 综放沿空煤巷掘进期间顶板应力位移分布

由于受到关键块 B 回转下沉影响，20103 区段运输平巷掘进期间呈现顶板不对称变形破坏；从偏应力不变量的角度而言，不对称矿压显现是不均衡偏应力不变量作用的宏观体现。本节主要研究 20103 区段运输平巷掘进过程中，沿空巷道顶板偏应力不变量分布特征。

1. 偏应力不变量分布

为准确地掌握掘进期间沿空巷道顶板偏应力不变量分布特征，采用 FLAC^{3D} 内置 fish 语言编写偏应力不变量算法程序，并辅以后处理软件获得偏应力不变量三维分布形态。同时，在沿空巷道顶板 0～11.5m 高度范围内设置 11 条测线，每条测线共计 20 个测点，通过 history 命令监测各个测点单元体应力大小，进而绘制偏应力不变量分布曲线，沿空巷道顶板测线布置如图 4-11 所示。

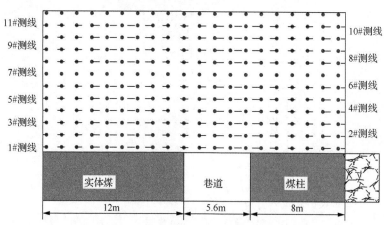

图 4-11 顶板应力测线布置图

20105 工作面回采后偏应力第二不变量在采空区侧向煤体上呈稳定的单峰状分布形态(图 4-9)，当 20103 区段运输平巷开始掘进后，上述稳定状态被打破，引发畸变能的释放、转移和重新存储。20103 区段运输平巷掘进期间顶板偏应力第二不变量分布如图 4-12 所示。由图可知，20103 区段运输平巷顶板偏应力第二不变量分布具有如下特征。

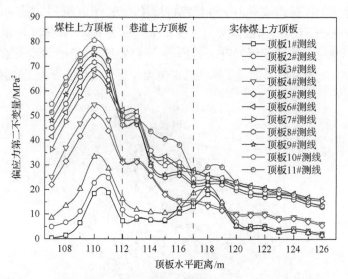

图 4-12　掘进期间综放沿空巷道顶板偏应力第二不变量分布曲线

（1）总体来说，顶板偏应力第二不变量沿水平方向和垂直方向具有不同的分布特征：①沿水平方向，煤柱上方顶板内偏应力不变量值大于巷道和实体煤上方顶板内偏应力不变量值，表明 8m 煤柱具备一定的承载能力，可保证其上方顶板岩层结构完整而存储较高的畸变能。反之，若煤柱承载能力较低而发生失稳破坏，将导致其上方顶板岩层破坏，引起偏应力不变量峰值向巷道和实体煤上方转移。②沿垂直方向，不同高度范围内偏应力不变量分布呈现不同形态。0～3.5m 高度范围内（1#～3#测线）偏应力不变量呈双峰状分布形态，其分别在煤柱上方和实体煤上方顶板出现两个峰值，且实体煤上方峰值要大于煤柱上方峰值；3.5～11.5m 高度范围内（4#～11#测线）偏应力不变量在煤柱上方达到峰值，呈单峰状分布形态，如图 4-13 所示。造成两种不同分布形态的原因在于：受相邻 20105 综放工作面回采影响，侧向煤体内应力集中成为高储能岩体，而开挖行为使得巷道上方顶板应力释放并向煤柱和实体煤上方顶板运移。因窄煤柱对顶板承载能力有限，使得煤柱上方低层位顶板围岩性质劣化和力学性能下降，转移过来的偏应力将再次向实体煤侧顶板转移，最终呈"实体煤侧高、煤柱侧低"的非对称分布特征，而对于更高位岩层，巷道开挖将无法引起两侧畸变能运移，即巷道开挖行为不会影响高位岩层稳定。

（2）就巷道上方顶板岩层（$x=112\sim117.6$m）而言，偏应力不变量呈明显不对称分布：①0～3.5m 高度范围内，顶板偏应力第二不变量自煤柱帮边缘的 10MPa^2

开始保持稳定并于距实体煤帮约 2.0m 处开始增大,最终在距实体煤帮上方达到最大值 23MPa^2。可见,以巷道中心线为轴,煤柱侧顶板内偏应力不变量基本保持恒定,而实体煤侧顶板内偏应力不变量保持增长趋势。②3.5~11.5m 高度范围内,距煤柱帮 0~3m 范围内顶板偏应力不变量呈台阶式下降,距煤柱帮 3~5.6m 范围内偏应力不变量呈连续的缓慢降低的趋势。可见,以巷道中心线为轴,靠煤柱侧顶板内偏应力不变量值要远大于靠实体煤侧顶板且变化幅度亦大于实体煤侧顶板。

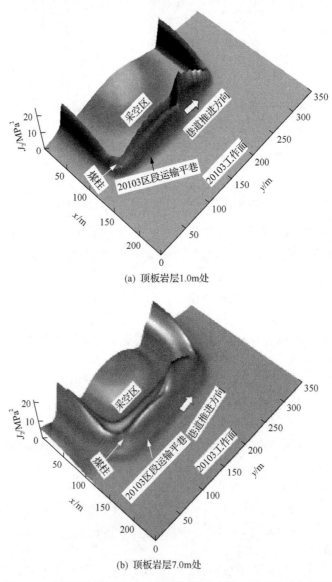

(a) 顶板岩层1.0m处

(b) 顶板岩层7.0m处

图 4-13　掘进期间综放沿空巷道顶板偏应力第二不变量分布特征

20103 区段运输平巷掘进期间顶板偏应力第三不变量分布曲线如图 4-14 所示，分析可知其具有如下特征。

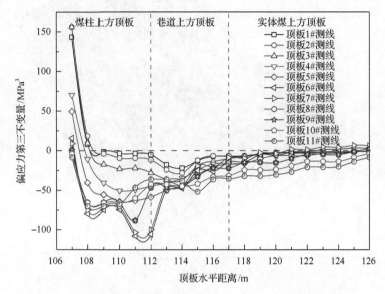

图 4-14　掘进期间综放沿空巷道顶板偏应力第三不变量分布曲线

（1）沿水平方向，自采空区至实体煤帮深处，偏应力不变量呈现不同变化趋势：靠采空区侧顶板偏应力不变量为正值，煤柱和巷道顶板区域偏应力不变量减小至零以下，实体煤上方深部顶板趋于零，表明靠采空区侧顶板岩层处于拉伸破坏状态，煤柱和巷道上方顶板岩层处于压缩破坏状态，而实体煤上方顶板处于平面应变状态，即由浅至深，应变状态经历了拉应变—压应变—平面应变的过程。

（2）巷道上方顶板不同深度顶板偏应力不变量呈现不同变化趋势，如图 4-15 所示：①0～3.5m 范围内顶板岩层偏应力不变量自煤柱帮边缘开始减小，并于距煤柱帮约 2.0m 处达到最小值，而后逐渐增长并于距煤柱帮约 3.0m 处趋于稳定，但在整个顶板范围内偏应力不变量始终小于零。可见，以巷道中心线为轴，两侧顶板偏应力不变量保持不同变化趋势，虽均处于压缩应变但程度显著不同；②3.5～11.5m 高度范围内偏应力不变量自煤柱帮边缘开始迅速增大，并于距煤柱帮约 1.0m 处增速减缓，随后保持缓慢增长，在整个顶板范围内偏应力不变量始终小于零。可见，以巷道中心线为轴，3.5～11.5m 高度范围内顶板偏应力第三不变量亦存在不对称分布特征。

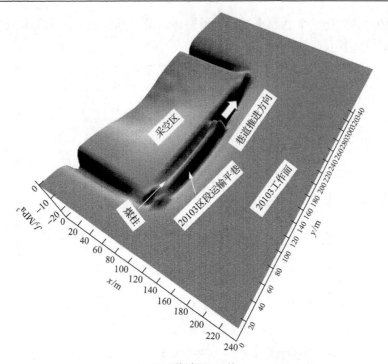

(a) 顶板岩层1.0m处

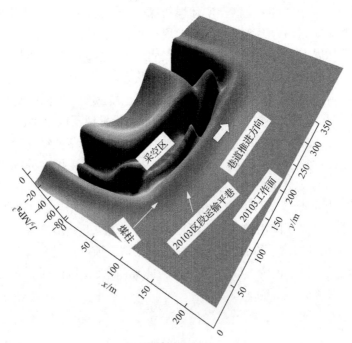

(b) 顶板岩层7.0m处

图 4-15　掘进期间综放沿空巷道顶板偏应力第三不变量分布形态

2. 位移场分布

偏应力不变量的不对称分布必将导致变形破坏的不对称性，而位移分布特征是巷道顶板变形破坏的宏观体现。由于浅部顶板岩层变形直接关系着巷道整体稳定，故本节主要分析巷道上方 6.5m 高度范围内顶板变形规律。图 4-16 为沿空巷道顶板垂直位移和水平位移等值线图，图 4-17 为顶板 6.5m 高度内垂直位移和水平位移变化曲线。由图可知：①以巷道中心线为对称轴，靠煤柱侧顶板下沉量(约 340mm)明显大于靠实体煤侧顶板下沉量(约 250mm)，靠煤柱侧顶角部位变形量尤为突出，最大位移达 320mm。②0～2.5m 高度内顶板发生弯曲下沉，最大位移达 467mm，发生于巷道中心偏煤柱侧 200～600mm 范围内；3.5～6.5m 高度内由于关键块回转运动引起的围岩结构性调整，顶板垂直位移不对称性更加突出：垂直位移自煤柱侧至实体煤侧近似线性降低，最大垂直位移发生于煤柱边缘。③顶板岩层由两侧向巷道中部发生水平挤压，靠煤柱侧水平位移量(约 241mm)明显大于靠实体煤侧水平位移量(约 40mm)，且 0 水平位移点由顶板中心位置向实体煤侧明显偏移。④随着顶板岩层层位增加(0～6.5m)，靠煤柱侧顶板水平位移量由 241mm 骤减至 30mm，相邻岩层间水平位移量巨大差异必将导致相邻岩层间的错动滑移；而靠实体煤侧顶板最大水平位移始终保持在 40mm 左右，相邻岩层间位移差异性较小。

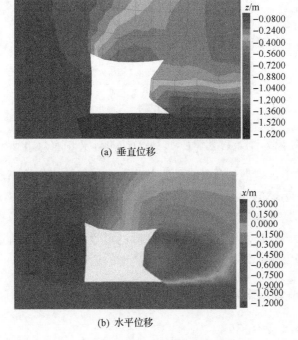

(a) 垂直位移

(b) 水平位移

图 4-16　垂直位移和水平位移等值线图

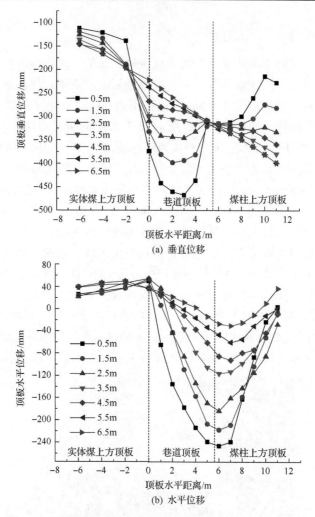

图 4-17　顶板岩层不同高度处垂直位移和水平位移变化曲线

可见，不同于常规静压条件下的实体煤巷道，由于围岩性质结构和应力分布沿巷道中心线的不均匀分布，综放松软窄煤柱沿空巷道顶板偏应力不变量、垂直位移和水平位移均以巷道中心线为轴呈明显不对称分布特征，靠煤柱侧顶板变形破坏程度明显大于实体煤侧。因此，在实际巷道设计、施工过程中，应提高靠煤柱侧顶板支护强度并确保支护结构对水平变形的适应性。

4.3.3　20103 工作面回采期间综放沿空煤巷顶板应力位移分布

1. 偏应力不变量分布

20103 工作面回采期间，原有的砌体梁结构稳定状态将被打破，实体煤侧上方的岩块 A 将发生破断，并以岩块 A 和岩块 B 的铰接点为中心向区段采空区发生回转，并迫使关键块 B 亦向采空区方向发生回转，直至达到新的平衡状态[6-8]。为了掌握本工作面回采期间顶板偏应力不变量分布特征，通过数值运算获得偏应力不变量三维分布形态，同时记录顶板岩层单元体应力大小绘制偏应力不变量分布曲线。20103 工作面回采期间顶板偏应力第二不变量分布如图 4-18 所示，顶板偏应力第二不变量分布具有如下特征。

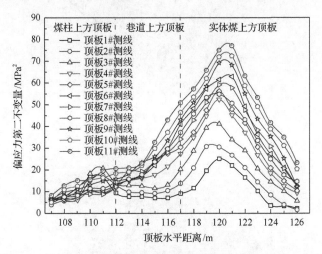

图 4-18　回采期间综放沿空巷道顶板偏应力第二不变量分布曲线

（1）偏应力第二不变量沿水平方向和垂直方向具有不同的分布特征：①沿水平方向，实体煤上方顶板内偏应力第二不变量值要明显大于巷道和煤柱上方顶板内偏应力第二不变量值，表明受基本顶二次破断影响，煤柱承载能力大幅降低，致使其上方顶板岩层破坏而对畸变能的存储能力大幅降低，从而引起偏应力不变量峰值向实体煤上方顶板转移。②沿垂直方向，不同高度范围内偏应力不变量分布呈现不同形态，如图 4-19 所示。0～3.5m 高度范围内（1#～3#测线）偏应力不变量呈双峰状分布形态，其分别在煤柱上方和实体煤上方顶板达到峰值，且实体煤上方峰值要大于煤柱上方峰值；3.5～11.5m 高度范围内（4#～11#测线）偏应力不变量在实体煤上方达到峰值，呈单峰状分布形态。

（2）就巷道上方顶板岩层（$x = 112～117.6$m）而言，不变量呈明显不对称分布：①0～3.5m 范围内顶板偏应力第二不变量自煤柱侧边缘的 8MPa^2 开始保持基本恒定，并在距实体煤帮约 1.0m 处开始增大直至实体煤侧。②3.5～11.5m 高度范围内顶板偏应力不变量自煤柱侧边缘的 10MPa^2 开始增大并在实体煤侧达到最大值，且岩层层位越高，实体煤侧顶板偏应力不变量越大。可见，以巷道中心线为轴，实体煤侧顶板内偏应力不变量的量值要大于煤柱侧顶板且变化幅度亦大于煤柱侧顶板。

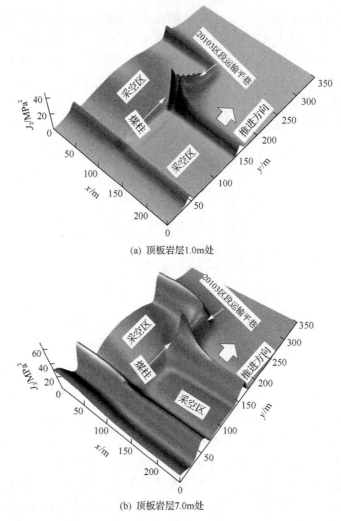

(a) 顶板岩层1.0m处

(b) 顶板岩层7.0m处

图 4-19　回采期间综放沿空巷道顶板偏应力第二不变量分布形态

　　20103 工作面回采期间顶板偏应力第三不变量分布曲线和形态如图 4-20 和图 4-21 所示，可得出如下结论。

　　(1)沿水平方向，自采空区至实体煤帮深处，不同高度范围内顶板偏应力不变量呈现不同变化趋势：①0~3.5m 范围内靠采空区侧偏应力不变量为正值，煤柱上方顶板偏应力不变量小于零，巷道顶板上方偏应力不变量大于零，实体煤上方顶板逐渐减小至零，即应变状态经历了拉应变—压应变—拉应变—平面应变的过程。②3.5~11.5m 高度范围内靠采空区侧顶板偏应力不变量为正值，煤柱和巷道上方顶板偏应力不变量小于零，自实体煤上方深部顶板逐渐增大至零，即应变状态经历了拉应变—压应变—平面应变的过程。

　　(2)就巷道上方顶板而言，不同高度范围内偏应力不变量呈不对称分布特征。①0～3.5m 高度范围内顶板偏应力不变量自煤柱侧边缘开始增加并在距实体煤帮约 1.0m 处达到最大值，而后开始迅速降低趋于零，该范围内顶板偏应力第三不变量保持恒大于零，表明顶板岩层处于拉伸破坏状态。②3.5～11.5m 高度范围内，顶板岩层偏应力不变量自煤柱侧边缘开始逐渐减小并在实体煤侧达到最大值，该范围内顶板偏应力第三不变量保持恒小于零，表明顶板岩层处于压缩应变状态。

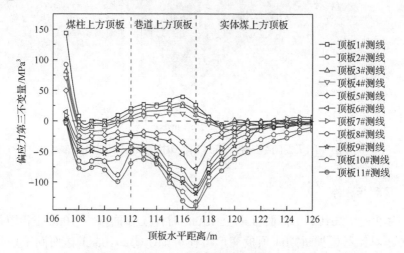

图 4-20　回采期间综放沿空巷道顶板偏应力第三不变量分布曲线

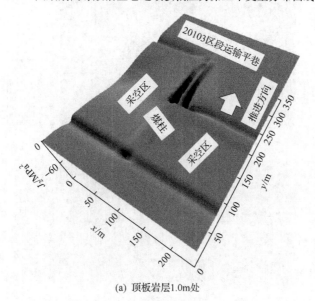

(a) 顶板岩层1.0m处

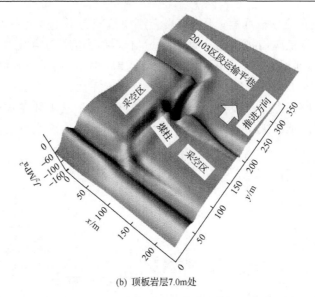

(b) 顶板岩层7.0m处

图 4-21　回采期间综放沿空巷道顶板偏应力第二不变量分布形态

2. 位移场分布

图 4-22 为 20103 工作面推进至 150m 时，工作面前方 10m 处巷道位移等值线图。对比巷道掘进期间顶板变形特征可知：①20103 工作面回采期间沿空

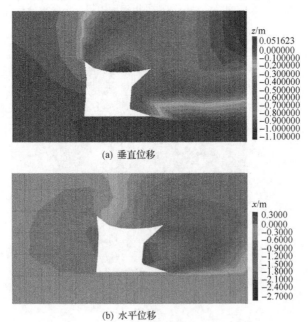

图 4-22　工作面前方 10m 处巷道位移等值线图

巷道顶板垂直方向和水平方向位移量均明显增大，不对称特征更加明显。②垂直位移由靠煤柱侧顶板至实体煤侧呈线性降低趋势，最大垂直位移发生于靠煤柱侧（约 514mm），靠实体煤侧最大垂直位移约 462mm，靠煤柱侧水平位移（约 267mm）明显大于靠实体煤侧水平位移（约 53mm），且相邻岩层间水平位移量差异更大。

图 4-23 为工作面回采至 150m 时工作面前方 80m 范围内顶板表面围岩垂直位移和水平位移变化曲线。由图可知，随着与工作面间距离减小，顶板垂直位移和水平位移逐渐增大，当与工作面距离减小至 40m 内时，垂直位移和水平位移增大幅度迅速增加，最大垂直位移和水平位移依次为 704mm 和 442mm。

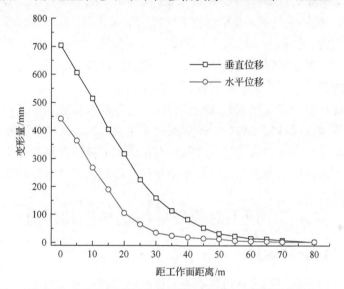

图 4-23　20103 区段运输巷顶板变形量随工作面回采变化

3. 顶板畸变能迁移过程

对于王家岭煤矿 20103 区段运输平巷而言，其先后受到相邻工作面回采、巷道掘进和 20103 工作面回采影响；对于巷道附近煤岩体而言，这是一个反复的加载和卸载过程，伴随着畸变能多次释放和转移[9,10]。结合数值模拟结果和现场工程实践，20103 区段运输平巷服务期间应力和畸变能演化过程如下。

（1）相邻工作面回采期间，沿空巷道附近煤岩体经历一个加载和卸载过程。巷道附近煤岩体原本处于三向受压状态，受到工作面回采引起的支承压力作用，巷道附近围岩受到的垂直方向载荷增大，煤体内开始积聚畸变能，当畸变能超过煤岩体强度时，其内部结构面开始发生张开和滑移，伴随着自身组织结构的改变，表现为煤体弹性模量和强度的降低，此时，其内部存储的部分畸变能开始释放，并有部分畸变能往更深部煤岩体内转移，最终达到新的平衡状态[11]，如图 4-9 所示。

(2)巷道掘进是一个先加载后卸载的过程。巷道开挖行为使得原有平衡状态被打破，由于巷道区域煤体采出，巷道围岩切向应力加载而径向应力卸载[12]，并使得巷道上方顶板岩层压力开始向两侧煤体(煤柱和实体煤)转移。在这个应力调整过程中，巷道浅部围岩畸变能再次释放和转移，伴随着相应的变形及煤体的自身性能下降，反过来致使其存储畸变能的能力降低，使得畸变能向深部煤岩体逐渐转移，如此反复，直至一个新的平衡。需要指出的是，由于巷道开挖空间小，其造成的扰动范围较小，围岩应力偏量变化主要体现在浅部围岩，如图 4-12 所示。

(3)本工作面回采期间，巷道围岩主要经历加载作用。在工作面前方两个周期来压步距范围内，受基本顶回转下沉影响，沿空巷道受到更大的垂直载荷作用，由于窄煤柱和实体煤帮煤体的损坏，畸变能将往更深部的煤岩体内转移。如图 4-20所示，畸变能整体由煤柱侧围岩转移到实体煤侧。

综上所述，沿空巷道在服务期间经历三次畸变能的释放和转移，在这个过程中，畸变能逐渐往煤体深部转移。从岩石力学角度而言，在畸变能密度达到煤体破坏极限之前，相当于对岩体进行加载，存储的畸变能逐渐增大，当存储的畸变能密度达到煤体破坏极限之后，煤体发生损伤而卸载，畸变能开始逐渐减小。

4.4　顶板不对称破坏机理与控制方向

4.4.1　顶板不对称性分布规律

为进一步研究综放沿空巷道顶板不对称破坏机制，本节将分析综放沿空巷道围岩稳定性的主要影响因素。整体而言，顶板不对称破坏的主要影响因素可分为应力环境和围岩强度两大类。应力环境主要包括原岩应力(垂直应力和水平应力)及工作面采动引起的其他应力影响因素，围岩强度主要包括煤岩体力学性能及节理面、水、温度等影响因素[13]。本节主要采用 FLAC^{3D} 软件对顶板不对称破坏主要影响因素展开研究。

1. 数值模型建立与模拟方案

建立平面应变数值计算模型(图 4-24)，模型尺寸为 240m×350m×0.5m，模型包括 20103 工作面、20105 工作面及巷道和煤柱系统。模型边界条件如前所述，不同类型煤岩体力学性质如表 4-1 所示。数值模拟过程为：初始应力计算—20105区段回风巷开挖—20105 工作面开挖—20103 区段运输巷开挖。

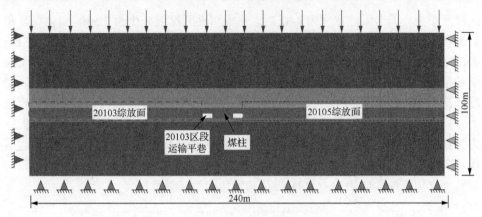

图 4-24　数值计算模型

表 4-1　数值模拟中煤岩体力学性质

岩层	体积模量/GPa	剪切模量/GPa	内摩擦角/(°)	内聚力/MPa	抗拉强度/MPa
极软煤	1.09	0.41	18	0.5	2
软煤	8.3	1.8	18	0.9	5
中硬煤	8.3	3.9	20	2.2	15
硬煤	11	8.3	30	4.0	30

本文主要讨论顶板应力场和位移场对煤柱宽度、强度的响应特征,模拟方案如下。

(1)煤柱强度不变(软煤),讨论煤柱宽度依次为 5m、8m、11m、14m、17m、20m 时顶板岩层偏应力场、位移场和塑性破坏分布特征。

(2)煤柱宽度不变(8m),讨论煤柱强度依次为极软煤、软煤、中硬煤和硬煤时,顶板岩层偏应力场、位移场和塑性破坏分布特征。

2. 煤柱宽度对顶板不对称破坏的影响

1)偏应力分布特征

图 4-25 为不同煤柱宽度下沿空巷道顶板偏应力和塑性区分布特征。由图可知:①当煤柱宽度为 5m 时,煤柱处于完全破碎状态无法保障巷道围岩整体性,巷道围岩均处于大范围塑性破坏状态,顶板、实体煤帮和底板塑性破坏范围依次为 11.2m、4.8m、3.6m,此时煤柱上方顶板偏应力仅为 5.32MPa,低于原岩应力(7.5MPa),而实体煤上方顶板应力保持为 11.18MPa。②当煤柱宽度为 8m 时,煤柱虽仍处于完全破碎状态但已具有一定承载能力,煤柱上方顶板偏应力增加至 11.15MPa,高于原岩应力(7.5MPa),但巷道围岩整体塑性破坏范围无明显变化。③当煤柱宽度增大为 11m 时,煤柱上方顶板开始出现一定数量的弹性单元,煤柱承载能力进一步提高,煤柱上方顶板偏应力值增大至 15.82MPa,高于原岩应力,而实体煤上方顶板偏应力为 14.63MPa。顶板和底板塑性区面积稍有降低,但塑性

区深度不变。④当煤柱宽度为 14m 时，顶板塑性区深度减少为 7.5m，实体煤帮和底板塑性区范围变化不大，煤柱和实体煤上方顶板内偏应力峰值依次为 17.26MPa 和 13.98MPa。⑤当煤柱宽度为 17m 时，煤柱内出现一定数量的弹性单元，煤柱承载能力大幅提高，围岩塑性区范围明显减小，顶板、实体煤帮和底板塑性区深度依次为 3.0m、3.2m 和 2.4m，此时，巷道开挖和相邻工作面开采引起的采动应力分别在煤岩体内集中，致使煤柱上方顶板内偏应力演变为双峰状分布，最大应力为相邻工作面开采引起的偏应力 19.07MPa。⑥当煤柱宽度为 20m 时，巷道顶板、实体煤帮、煤柱帮和底板的塑性区深度依次为 3.0m、2.8m、4.3m 和 1.8m，煤柱上方顶板最大应力为 16.43MPa，巷道稳定性较强。

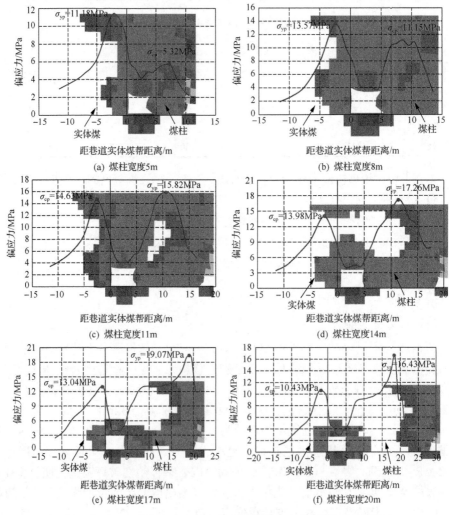

图 4-25　不同煤柱宽度下沿空巷道顶板偏应力和塑性区分布特征

σ_{yp} 为煤柱上方顶板内偏应力峰值；σ_{cp} 为实体煤上方顶板内偏应力峰值

　　将实体煤、巷道和煤柱上方顶板视为一个系统，顶板偏应力转移规律如下：
①当煤柱宽度 5～8m 时，煤柱大范围破坏导致顶板承载能力较小，顶板偏应力向
实体煤侧转移，最终呈现"实体煤侧高、煤柱侧低"分布特征。②当煤柱宽度为
11～17m，煤柱承载能力增大，煤柱上方顶板存储应力能力提高，顶板内应力开
始向煤柱侧转移，呈现"煤柱侧高、实体煤侧低"分布特征。③当煤柱宽度为 5～
8m，偏应力峰值位于实体煤上方顶板，随着煤柱宽度增大，偏应力峰值向煤柱上
方顶板转移；当煤柱宽度增大至 11m 以上时，峰值转移至煤柱上方顶板，即随着
柱宽增大，顶板偏应力转移路径为：实体煤侧顶板—煤柱侧顶板。

　　2) 垂直位移分布特征

　　不同煤柱宽度下顶板垂直位移分布如图 4-26 和图 4-27 所示，顶板表面围岩
垂直位移变化曲线如图 4-27 所示。由图可知：①以巷道中心线为轴，顶板垂直
位移等值线明显向煤柱侧偏移，表明靠煤柱侧顶板下沉量明显大于靠实体煤侧
顶板下沉量。②煤柱宽度越小，煤柱帮挤出变形越严重，对顶板支撑能力越差，
靠煤柱侧顶板下沉越严重，顶板变形的不对称性越明显。当煤柱宽度为 17m 和 20m
时，应力等值线仅向煤柱侧方向发生偏移；当煤柱宽度为 5m 和 8m 时，巷道顶板
已明显向煤柱侧倾斜。③沿空巷道顶板浅部围岩呈显著的不对称下沉特征，靠煤
柱顶板下沉量明显大于靠实体煤侧顶板下沉量，且煤柱宽度小，靠煤柱侧顶板下
沉量越大，不对称性越明显：煤柱宽度由 20m 减小至 5m 过程中，靠煤柱侧顶板
下沉量依次为 72mm、81mm、154mm、307mm、547mm、623mm。

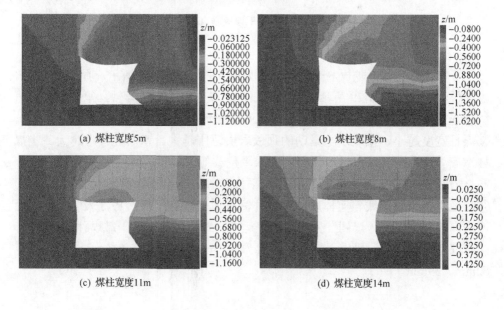

　　　　(a) 煤柱宽度5m　　　　　　　　　　　　　　(b) 煤柱宽度8m

　　　　(c) 煤柱宽度11m　　　　　　　　　　　　　(d) 煤柱宽度14m

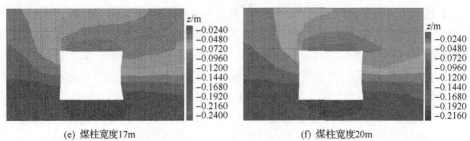

(e) 煤柱宽度17m　　　　　　　　(f) 煤柱宽度20m

图 4-26　不同煤柱宽度下 20103 区段运输平巷顶板垂直位移分布

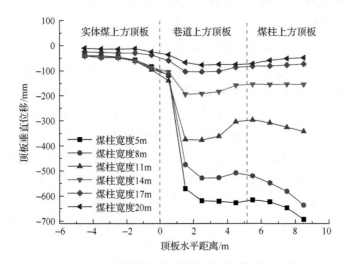

图 4-27　不同煤柱宽度下顶板垂直位移变化曲线

3) 水平位移分布特征

不同煤柱宽度下顶板水平位移分布如图 4-28 和图 4-29 所示，顶板表面围岩水平位移变化如图 4-29 所示。由图可知：①以巷道中心线为轴，水平位移等值线向煤柱侧发生明显运移，表明靠煤柱侧顶板水平运动程度大于实体煤侧顶板。②煤柱宽度越小，发生水平运动的顶板岩层范围越大、水平位移量越大。当煤柱宽度为 17m 和 20m 时，顶板岩层水平位移等值线沿巷道中心线近似对称分布；当煤柱宽度减少至 11m 以下时，水平位移等值线向煤柱侧发生了明显偏移。③顶板水平位移曲线自实体煤侧向煤柱侧近似呈线性增大趋势，表明顶板表面围岩自煤柱侧向实体煤侧发生明显水平运动，最大位移发生于靠煤柱顶角位置，随着煤柱宽度减小，最大水平位移依次为 451mm、412mm、248mm、125mm、62mm、39mm。

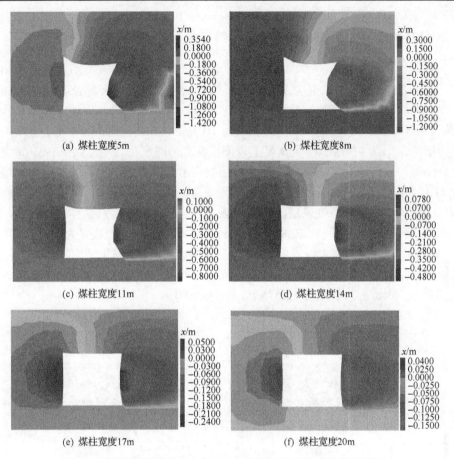

图 4-28　不同煤柱宽度下 20103 区段运输平巷顶板水平位移分布

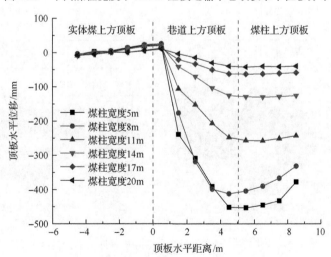

图 4-29　不同煤柱宽度下顶板水平位移变化曲线

3. 煤柱力学性质对顶板不对称破坏的影响

1) 偏应力分布特征

图 4-30 为不同煤柱强度下巷道顶板偏应力和塑性区分布特征。由图可知：①煤柱为极软煤层，煤柱整体处于塑性破坏状态并向巷道内发生挤出变形，巷道顶板、实体煤帮和底板塑性区深度依次为 10.3m、7.6m 和 3.6m，煤柱上方顶板偏应力峰值 (σ_{yp}) 为 7.34MPa，实体煤上方顶板偏应力峰值 (σ_{cp}) 为 13.76MPa。②煤柱为软煤层，煤柱承载能力提高，其上方顶板自承能力随之增大，偏应力峰值增大为 11.15MPa，而实体煤上方偏应力基本无变化，巷道围岩塑性区范围和深度亦无明显变化。③煤柱为中硬煤层，煤柱承载能力及其顶板岩层承载能力亦提高，煤柱上方顶板偏应力峰值 12.87MPa，而实体煤上方顶板偏应力峰值降低至 12.36MPa。④煤柱强度为硬煤层时，煤柱承载能力和对顶板的支撑能力达到最大，巷道围岩稳定性大幅提高，顶板、实体煤帮和底板围岩塑性区面积降低，煤柱和实体煤上方顶板应力峰值为 15.57MPa 和 14.06MPa。

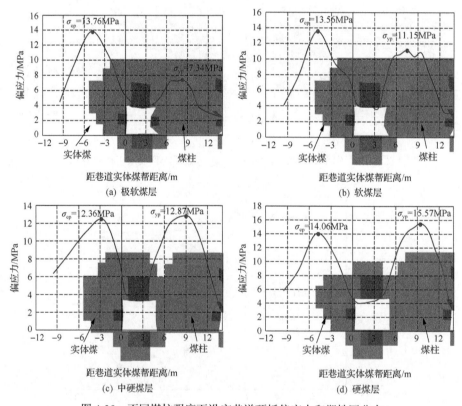

图 4-30　不同煤柱强度下沿空巷道顶板偏应力和塑性区分布

将实体煤、巷道和煤柱上方顶板视为一个系统，顶板偏应力呈如下转移规律：

当煤柱为极软煤层或者软煤层时，由于煤柱自身承载能力差，其上方顶板存储应力能力较弱，使得高应力向实体煤侧转移，最终顶板偏应力呈"实体煤侧高、煤柱侧低"分布特征；当煤柱为中硬煤层或硬煤层时，煤柱承载能力增大，煤柱上方顶板存储偏应力能力提高，顶板应力开始由实体煤上方顶板向煤柱上方顶板转移，呈现"煤柱侧高、实体煤侧低"分布特征，即随着煤柱强度增大，顶板偏应力峰值转移路径为：实体煤侧顶板—煤柱侧顶板。

2) 垂直位移分布特征

不同煤柱强度下顶板垂直位移分布如图 4-31 和图 4-32 所示，顶板表面围岩(0.1m 处)垂直位移变化如图 4-32 所示。由图可知：①当煤柱为硬煤层时，顶板垂直位移等值线以巷道中心线为轴呈近似对称分布；当煤柱为中硬煤层时，顶板位移等值线开始向煤柱侧发生偏移，但巷道上方顶板区域基本保持对称分布；当煤柱为软煤层时，垂直位移等值线进一步向煤柱侧偏移，煤柱和实体煤上方顶板位移等值线已经明显不对称；当煤柱为极软煤层时，巷道上方顶板岩层垂直位移等值线已明显向煤柱侧偏移。垂直位移等值线偏移过程表明：煤柱强度越低，自身压缩变形越严重，其对顶板支撑作用越差，煤柱侧顶板下沉越明显，顶板下沉的不对称性越明显。②顶板表面围岩发生弯曲下沉，最大位移发生在巷道中部区域，但以巷道中心线为轴，靠煤柱顶板下沉量明显大于靠实体煤侧顶板下沉量，且煤柱强度越低，靠煤柱侧顶板下沉量越大，不对称性越明显。当煤柱为极软煤、软煤、中硬煤和硬煤时，煤柱侧顶板对应下沉量依次为 508mm、346 mm、167 mm、66mm。

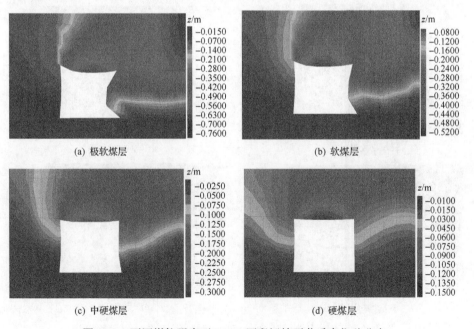

(a) 极软煤层　　　　　　　　　　　　　　　(b) 软煤层

(c) 中硬煤层　　　　　　　　　　　　　　　(d) 硬煤层

图 4-31　不同煤柱强度下 20103 区段运输平巷垂直位移分布

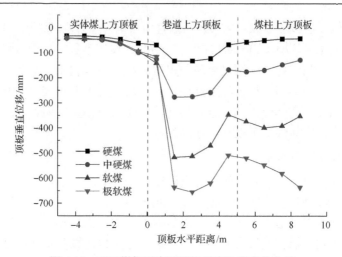

图 4-32　不同煤柱强度下顶板垂直位移变化曲线

3) 水平位移分布特征

不同煤柱强度下顶板水平位移分布如图 4-33 和图 4-34 所示，顶板表面围岩（0.1m 处）水平位移变化如图 4-34 所示。由图可知：①以巷道中心线为轴，水平位移等值线向煤柱侧发生运移，表明靠煤柱侧顶板水平运动程度大于实体煤侧顶板，且煤柱强度越低，等值线运移程度越明显，表明顶板水平运动越剧烈。②顶板水平位移曲线自实体煤侧向煤柱侧近似呈线性增大趋势，表明顶板表面围岩由

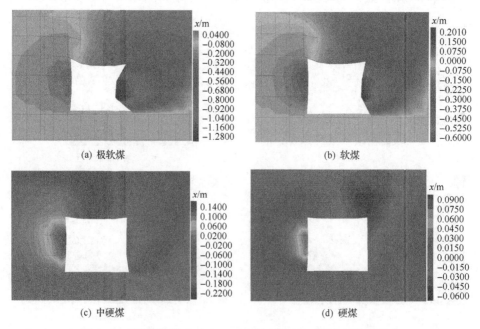

图 4-33　不同煤柱强度下 20103 区段运输平巷顶板水平位移分布

煤柱侧向实体煤侧发生明显水平运动，最大水平位移出现在靠煤柱侧顶角位置。随着煤柱强度降低，最大水平位移量明显增大，不对称性越发明显，最大水平位移量依次为 453mm、324mm、155mm、32mm。

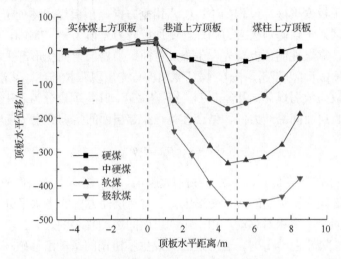

图 4-34　不同煤柱强度下顶板水平位移变化曲线

4.4.2　顶板不对称性分布的影响因素

沿空巷道顶板不对称破坏通常是围岩结构和应力分布沿巷道中心轴呈明显不对称分布的作用结果，而关键块回转运动、围岩强度低、窄煤柱、巷道大断面、支护不合理等则是造成围岩结构和应力分布不对称性的主要因素，具体分析如下。

1. 围岩性质结构不对称性

由于受到相邻大型综放开采与巷道开挖影响，靠采空区侧煤岩体完整性遭受严重破坏，并沿巷道中心轴呈现明显不对称性：就巷道两帮而言，一侧为实体煤帮，一侧为进入塑性破坏状态的窄煤柱帮，煤柱帮力学性能明显低于实体煤帮。两帮力学性能的差异性使得其对顶板约束作用显著不同，显然，煤柱帮对顶板约束能力更弱，这使得靠煤柱侧顶板力学性能严重恶化。围岩性质结构的不对称性必然引起围岩强度的不均衡性，而岩体破坏往往首先发生在强度较低的部位[14]，因此，巷道开挖后靠煤柱侧顶板及顶角部位煤岩体首先发生破坏，后向实体煤侧顶板扩展，最终导致靠煤柱侧顶板变形破坏大于靠实体煤侧的不对称特征。

2. 应力分布不对称性

基本顶回转下沉运动使得覆岩压力向煤层深部转移形成侧向支承压力 q，同时对直接顶和顶煤施加回转变形压力 σ，使得沿空巷道顶板应力分布沿巷道中心轴呈明显不对称性分布：靠煤柱侧顶板煤岩体受到不均衡支承压力 q 和回转变形压力 σ 共同作用，而实体煤侧顶板煤岩体则主要受支承压力 q 影响。在不对称应力作用下，顶板变形破坏过程如下：①沿铅垂方向，顶板煤岩体处于支承压力 q 的剧烈变化区，实体侧顶板应力和煤柱侧顶板应力差值为 4～7MPa，在该非均布载荷作用下，靠煤柱侧顶板首先发生下沉弯曲，当岩层弯曲变形产生的拉应力 σ_t 达到抗拉强度[σ_t]时，即 $\sigma_t > [\sigma_t]$，煤柱侧顶板首先出现张拉破坏。②沿水平方向，沿空巷道顶板为软弱煤体，内含 1～3 层泥岩夹矸，其将顶煤分为若干厚度较小的水平分层，且层面间黏结力低、结合性差，相邻层面间抗剪强度 τ_f 为[15]

$$\tau_f = c + \sigma_n \tan\varphi \tag{4-32}$$

式中，c、φ 分别为层面上的黏聚力和内摩擦角；σ_n 为层面上的法向应力。

侧向关键块回转引起的回转变形压力 σ 将沿层面方向产生水平分力 σ_x，在 σ_x 作用下岩层间会产生相对移动，由于不同层面间运动趋势的差异性会导致层面间剪切应力 τ。当满足 $\tau > \tau_f$ 时，岩层层面间发生不协调的错动滑移破坏，并造成岩体膨胀、滑移，进而形成剪切裂缝和滑移块体，且在持续的水平分力 σ_x 作用下，滑移块体间相互挤压、错动形成更小的块体，最终在巷道顶板表面形成沿巷道走向延展的破碎带并压迫支护结构[16]。此外，随着向实体煤方向逐渐延伸，水平分力 σ_x 逐渐衰减，而层面间抗剪强度 τ_f 则逐渐增大，这使得岩层间的水平错动滑移变形自煤柱侧向实体煤侧扩展到一定范围后停止。③受到高支承压力 q 和回转变形压力 σ 共同作用，煤柱帮扩容和整体外移现象明显，加之煤柱侧顶板煤岩体向实体侧剧烈水平运动，共同导致了煤柱帮顶角处异常破碎，直接顶与煤柱之间存在明显的滑移、错位、嵌入、台阶下沉现象。

3. 覆岩结构的多次反复运动

相邻工作面回采引起的畸变能转移使沿空巷道区域煤体发生结构性损伤，而巷道掘进行为使围岩结构和力学性质进一步恶化，并造成巷道顶板不对称矿压特征。本工作面回采期间，已经趋于稳定的侧向顶板结构被再次被激活，致使工作面前方两个周期来压步距范围内围岩压力显著提升，围岩变形和破坏程度明显加剧，尤其是煤柱帮的变形破坏将使其承载能力大幅降低。反过来，煤柱帮的严重压缩变形将迫使巷道发生结构性调整——靠煤柱侧顶板下沉严重，使顶板变形破坏的不对称性加剧。

4. 巷道大断面

大断面对巷道顶板不对称破坏影响体现在如下方面：①巷道宽度增加使顶板

岩梁跨度增加，顶板岩梁最大弯矩和挠度都呈幂函数增长，使得顶板岩梁中部拉应力和顶角部位剪应力大幅增加，易造成顶板中部开裂和帮角剪切破坏，进而引起局部漏冒甚至大面积冒顶事故。②顶板岩梁下沉量增大诱使岩层间次生水平应力增长，致使层面间剪切应力 τ 明显增大，顶板岩层沿水平方向发生不协调错动变形和破坏的可能性增大。③巷道断面的增大使更多的顶板载荷向两帮转移，两帮上方垂直载荷显著提高，加剧了两帮尤其是煤柱帮的破坏失稳，进而引起煤柱侧顶板力学性质进一步恶化，增加不对称破坏的可能性。

5. 支护结构适应能力差、效能低

结合现场矿压实测、覆岩结构和运动分析和数值模拟结果可知，综放沿空巷道顶板不对称破坏过程可描述为：相邻工作面推进—基本顶岩块发生破断、回转运动—巷道区域煤体发生损伤—巷道开挖诱使围岩结构和顶板应力不对称分布—煤柱侧煤岩体(顶板、顶角、煤柱帮上部等)局部位移变形—靠煤柱侧顶板煤岩体大范围破碎及岩层间错位、嵌入、台阶现象—支护结构载荷增大且非均匀受力—实体煤侧煤岩体位移变形—大规模的围岩变形和支护体破坏—本工作面回采再次激活覆岩结构，不对称变形破坏进一步加剧。由此可知，靠煤柱侧顶板及顶角部位是巷道变形破坏的关键部位，巷道掘出后上述关键部位首先发生破坏，后向实体煤侧顶板连锁性扩展，最终导致不对称性变形破坏特征。

而原有锚杆索对称式支护无法限制煤柱帮、顶角等关键部位的严重变形，进而引起其他部位变形破坏，具体分析如下：①锚索垂直顶板布置于巷道中间区域，不能对巷道顶板最大剪应力区——靠煤柱侧顶角煤岩体进行有效加固，顶角煤岩体稳定性低易冒漏；②锚索密度小、预紧力低、长度短，相邻锚索间不能形成有效闭锁结构，无法实现支护与围岩共同承载，在高应力作用下容易造成锚索单独承载而失效；③当两帮为软弱煤体时易发生压缩变形，加之顶板载荷不断向两帮转移，进一步加剧煤帮压缩变形，而原有支护中仅采用玻璃钢或圆钢锚杆加固两帮，无法抑制帮部剧烈变形；④锚索间采用 W 钢带连接，其具有较强刚度而无法适应岩层强烈水平挤压运动而发生"脱顶弯曲"的失稳行为。

4.4.3　顶板不对称破坏控制方向

采用常规的等强对称支护结构难以适应顶板的不对称破坏，造成锚索结构及其连接构件严重失效，无法保证巷道稳定，因此需要研发新型锚索组合结构来适应该类顶板破坏特征，其应满足以下支护要求。

(1)适应顶板不对称下沉特征。由于沿空巷道围岩性质结构和应力分布沿巷道中心轴的不对称分布，使得靠煤柱侧顶板变形破坏程度明显大于实体煤侧，这种不对称破坏特征要求支护系统具有很强的结构性和针对性，既要保证支护系统对

整个顶板的支护强度，又要保证对靠煤柱侧顶板敏感部位的加强支护，控制关键部位的变形破坏，即支护系统自身不会因局部载荷增加而造成整个支护系统的失效或损毁。

(2)适应顶板强水平运动特征。综放窄煤柱沿空煤巷顶板岩层由于关键块 B 回转下沉而受到强烈水平应力作用，促使巷道顶板出现了严重挤压、错动和滑移变形，而传统的锚索+W 钢带组合结构显然无法适应水平运动而出现支护失效。基于此，新的支护系统应具备柔性让压功能，以便在支护过程中不断做出调整进而适应岩层水平运动，保证服务过程中支护结构持续有效。

(3)具有较强的抗剪切能力。综放窄煤柱沿空煤巷沿不稳定采空区边缘掘进，受关键块体回转运动严重，靠煤柱侧巷道顶板发生严重剪切破坏，造成顶帮交界处大范围围岩破碎。当煤柱发生较大压缩变形时，煤柱上方顶板岩层裂隙严重发育并相互贯通形成裂隙贯通带，诱发顶板滑移、嵌入和台阶下沉等事故。因此，沿空巷道顶板支护系统应具有较强的抗剪性能，防治靠煤柱侧顶板剪切破坏，避免直接顶切落等剧烈矿压现象。

(4)提高煤柱帮承载能力。窄煤柱是关键块回转运动的支撑点，受关键块回转运动和巷道开挖影响，煤柱势必发生大面积的塑性破坏产生严重压缩变形，进而导致沿空巷道顶板的不对称下沉。因此，增强煤柱帮支护强度、提高煤柱帮承载能力是控制顶板不对称下沉的重要措施。

参 考 文 献

[1] 陈晓祥, 杜贝举, 王雷超, 等. 综放面动压回采巷道帮部大变形控制机理及应用[J]. 岩土工程学报, 2016, 38(3): 460-467.
[2] 余伟健, 袁越, 王卫军. 困难条件下大变形巷道围岩变形机理与控制技术[J]. 煤炭科学技术, 2015, 43(1): 15-20.
[3] 潘岳, 顾士坦, 戚云松. 初次来压前受超前增压荷载作用的坚硬顶板弯矩、挠度和剪力的解析解[J]. 岩石力学与工程学报, 2013, 32(8): 1544-1553.
[4] 潘岳, 顾士坦, 戚云松. 周期来压前受超前隆起分布荷载作用的坚硬顶板弯矩和挠度的解析解[J]. 岩石力学与工程学报, 2012, 31(10): 2053-2063.
[5] 刘金海, 姜福兴, 孙广京, 等. 深井综放面沿空顺槽超前液压支架选型研究[J]. 岩石力学与工程学报, 2012, 31(11): 2232-2239.
[6] 李迎富, 华心祝. 二次沿空留巷关键块的稳定性及巷旁充填体宽度确定[J]. 采矿与安全工程学报, 2012, 29(6): 783-789.
[7] 陈勇. 沿空留巷围岩结构运动稳定机理与控制研究[D]. 徐州: 中国矿业大学, 2012.
[8] 李迎富, 华心祝. 沿空留巷上覆岩层关键块稳定性力学分析及巷旁充填体宽度确定[J]. 岩土力学, 2012, 33(4): 1134-1140.
[9] 孙倩, 李树忱, 冯现大, 等. 基于应变能密度理论的岩石破裂数值模拟方法研究[J]. 岩土力学, 2011, 32(5): 1575-1582.

[10] 蓝航, 潘俊锋, 彭永伟. 煤岩动力灾害能量机理的数值模拟[J]. 煤炭学报, 2010, 35(S1): 10-14.

[11] 朱万成, 左宇军, 尚世明, 等. 动态扰动触发深部巷道发生失稳破裂的数值模拟[J]. 岩石力学与工程学报, 2007, 26(5): 915-921.

[12] 谢和平, 鞠杨, 黎立云. 基于能量耗散与释放原理的岩石强度与整体破坏准则[J]. 岩石力学与工程学报, 2005, 24(17): 3003-3010.

[13] 贾宏俊, 王辉. 软岩巷道可缓冲渐变式双强壳体支护原理及实践[J]. 岩土力学, 2015, 36(4): 1119-1126.

[14] 王卫军, 侯朝炯, 柏建彪, 等. 综放沿空巷道顶煤受力变形分析[J]. 岩土工程学报, 2001, 23(2): 209-211.

[15] 吴德义, 申法建. 巷道复合顶板层间离层稳定性量化判据选择[J]. 岩石力学与工程学报, 2014, 33(10): 2040-2046.

[16] 吴德义, 闻广坤, 王爱兰. 深部开采复合顶板离层稳定性判别[J]. 采矿与安全工程学报, 2011, 28(2): 252-257.

第 5 章　新型高预应力锚索桁架结构及力学作用机理

综放大断面剧烈采动煤巷受相邻工作面采动影响及基本顶断裂后回转下沉对下位煤体形成的扰动作用，使顶板围岩变形不仅受到垂直应力的控制，同时还受到水平应力的影响，从而诱发煤巷顶板煤体的离层和水平错动。在此基础上，提出了具有双向控制作用的高预应力桁架锚索结构，并建立相应的力学模型进行分析，最终验证了高预应力桁架锚索结构不仅能对巷道顶板离层和水平错动的双向变形做出积极的响应，并能对其进行有效的控制，还具有控制范围大、抗剪性能强等优点，能够有效地控制煤巷的围岩变形，进而保证整个工作面的安全高效生产。

5.1　新型高预应力锚索桁架结构及优越性

5.1.1　支护必要性

传统煤巷围岩支护结构主要分为三类：金属支架结构、普通锚杆索组合结构以及金属和普通锚杆索组合结构，现对这三种支护结构对围岩的控制效果作对比分析，总结出三类支护结构的优点和不足之处，如表 5-1 所示，可以看出传统支护结构缺点比较明显，已不能满足剧烈采动影响煤巷围岩控制的要求[1,2]。

表 5-1　传统支护结构优缺点

结构类型	金属支架结构	普通锚杆索组合结构	金属和普通锚杆索组合结构
优点	①结构简单； ②安装拆卸易操作； ③具有可回收性	①结构轻便； ②能提供主动支护； ③材料可选择范围广； ④形式种类齐全	①支护强度提高； ②双重支护体系共同作用； ③适用范围加大
缺点	①支护阻力低； ②自身跨度影响大； ③非主动支护； ④受力不均匀，应力集中； ⑤抗水平剪切作用性弱； ⑥成本高，经济性差，支护效果不显著	①制作工艺粗糙； ②锚固力低，可靠性差； ③受地下水影响大； ④针对复合顶板控制效果不佳，易离层； ⑤破碎顶板支护效果差，支护成本高； ⑥受采动影响显著，结构容易损坏	①两种结构在刚度上很难匹配； ②承载时协调性差； ③结构之间相互影响显著； ④结构复杂，操作难度高； ⑤对水平作用力抵抗性差

大断面强采动综放煤巷围岩变形主要有以下几个特点及相应的支护要求。

(1)巷道顶板围岩力学环境恶化。巷道断面的增大会导致巷道围岩破裂区以及塑性区范围增大，顶板围岩体中剪应力作用会增强，巷道顶板发生离层、下沉及冒落的趋势会更加明显。当巷道支护直接顶板为破碎的煤岩体时，由于破碎的煤岩体整体承载性能弱，尤其是抗剪切能力差，巷道会发生直接顶直接整体切顶等恶性的顶板事故。该围岩变形特点下的支护系统首先要具备大范围控制塑性区及破裂区的能力，其次要具有很强的抗剪性能，防止围岩层间的水平剪切、错动。

(2)巷道顶板围岩非对称变形趋势的突出化。巷道自掘出后围岩进入一个相对稳定的环境，但当经受采动影响时，巷道围岩应力重新分布。由采动影响引起的次生应力改变了围岩的应力环境，使得围岩应力场呈现出一个非对称的特征，这种特征在巷道相邻煤柱为窄煤柱的条件下更为明显和突出，从而使得巷道围岩变形也呈现出明显的非对称性。这种非对称性要求支护系统具有很强的协同性，既能够保证支护力有很好的连续传递性，又能够保证系统对于围岩非对称变形有很强的适应性，即支护系统自身不会随着非对称性变化趋势的增强而使得部分支护体失效甚至损毁。

(3)巷道顶板围岩运动特征复杂化。在未经受强采动影响时，巷道顶板围岩变形主要受垂直应力的控制，而且垂直应力大致会呈现出对称性特征。当巷道经受强烈采动影响时，顶板围岩变形不仅受到垂直应力的控制还同样受到水平应力的控制，而且水平应力控制巷道围岩变形的主导作用随着巷道相邻煤柱宽度的减少会变得更加突出。同时，巷道顶板围岩的这种水平变形全过程呈现出挤压—稳定—松动扩容特点，使得强采动影响下巷道顶板围岩运动特征变得更加复杂。这种顶板围岩运动特征的复杂化要求支护系统能够及时主动的作出响应，尤其是针对强采动影响下巷道顶板水平变形的全过程，支护系统要能够不断地做出调节以达到实现全称可靠支护的目标。

5.1.2　支护原理

传统的锚杆(索)支护技术不能满足大断面强采动综放煤巷的围岩变形对支护的要求，因此提出了采用新型高预应力锚索桁架控制系统进行巷道围岩控制的改进方向，并研发了锚索-连接锁紧器桁架、多锚索-钢筋组合-圈梁桁架和锚索-槽钢可伸缩梁桁架控制系统，该控制系统不仅具有控制塑性区范围大、抗剪性能强的优点，而且能对巷道围岩变形的非对称性做出积极的响应并能对其进行有效的控制，尤其适用于大断面巷道、强采动影响、软弱顶板煤巷、高应力巷道、悬顶面积大的交叉点等复杂条件下的巷道围岩控制[3]。

1. 锚索-连接锁紧器桁架支护原理

以专用连接锁紧器为核心部件的新型高预应力锚索桁架结构，能在巷道顶板的水平和铅垂方向同时提供挤压应力的预应力支护结构，它克服了单体锚索支护不能提供水平张紧力的缺陷，从而使锚固区内的煤岩体处于多维挤压状态。预应力锚索桁架控制系统是以新型专用桁架连接器为核心部件的高可靠性锚索桁架多重主动支护结构，其联合支护系统是由预应力高强度钢绞线、锁具、专用连接器和锚固剂组成。高预应力锚索桁架系统支护原理如图5-1所示。

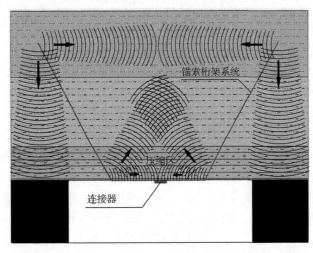

图5-1 锚索桁架系统的支护原理

高预应力锚索桁架系统是将处于受压状态的巷道两肩窝深部岩体作为锚固点和承载结构的基础，采用高预拉力对拉并锁紧两根钢绞线，直接作用于顶板浅部的围岩，提供水平预应力改善顶板的应力状态，强化低位岩体的力学性能和提高其抗变形性能，控制层状顶板的不协调变形。锚索桁架是一种能在巷道顶板的水平和铅垂方向同时提供挤压应力的主动支护结构，从而使锚固区内的煤岩体处于铅垂方向挤压和水平方向挤压状态，锚索桁架系统预紧力引起的主动力使巷道顶板产生向上的位移趋势，使顶板的下沉被部分抵消。在巷道顶板的弯曲变形过程中，锚索受到的拉应力增加，锚固区内的煤岩体受到的挤压力也随之增加。

高预应力锚索桁架系统适用于地压较大的巷道，具有良好的应用价值。该种支护形式可以在顶板未出现离层时强化顶板，减少变形。当出现离层时，也能保证巷道的安全使用。高预应力锚索桁架系统提供的复向高预紧力，有利于顶板煤岩体处于压应力状态，实现高地应力强采动巷道支护的"先刚"和"先抗"。锚索桁架锚固点内移和锚索自身延伸率能起到让压作用，使其受力合理增加且刚度匹配良好，实现了"后柔"和"后让"。锚固点位于巷道深部三向受压岩体内，实现应力转移，且为高应力强采动巷道围岩控制的"再刚"和"再抗"提供可靠稳固的承载基础。力的连续传递性和形成的大范围闭锁结构能有效避免局部应力过大，支护系统出现损毁现象，且具有较强的抗剪性能。

钢绞线预拉力桁架与单体锚索支护所用材料、施工机具及工艺十分接近，由预应力高强度钢绞线、锁具和锚固剂组成，另需配置专用桁架连接器，施加预拉力的机具和单体锚索通用。同轴式连接锁紧器具有现场施工更加便捷的特点，而弧形连接锁紧器可方便地实现二次张拉，适用于强采动煤巷围岩控制。钢绞线预拉力桁架的作用方式较单体锚索有很大改进，与围岩的作用特点和效果亦不同。单体锚索与顶板围岩是点接触，而桁架则是拉紧的钢绞线与顶板形成线接触，作用范围大，松散破碎顶板受力状态好。桁架施加的水平预拉力可以改善巷道中部下位顶板岩体的应力状态，消除了由于顶板弯曲而产生的拉应力区，使其转变为压应力状态。锚索桁架系统预紧力引起的主动力使巷道顶板产生向上的位移趋势，因而可以有效消除或减小离层，这对改善顶板的稳定性有着重要的作用。

2. 多锚索-钢筋组合圈梁桁架不对称支护原理

巷道自掘出后围岩进入一个相对稳定的环境，但当经受采动影响时，巷道围岩应力重新分布。由采动影响引起的次生应力改变了围岩的应力环境，使围岩应力场呈现出一个非对称的特征，这种特征在巷道相邻煤柱为窄煤柱的条件下更为明显和突出，从而使巷道围岩变形呈现出明显的非对称性。靠近窄煤柱侧顶板围岩及支护系统破损程度明显大于实体煤侧。巷道顶板将产生剧烈水平运动，常用的锚固结构若是适应不了沿空煤巷的围岩变形特点，就容易发生弯曲、撕裂而永久失效。这种非对称性要求支护系统具有很强的协同性，既能够保证支护力有很好的连续传递性，又能够保证系统对于围岩非对称变形有很强的适应性。针对沿空煤巷矿压显现的特点，提出非对称的"多锚索-槽钢-钢筋组合圈梁"的关键支护系统，如图 5-2 所示。

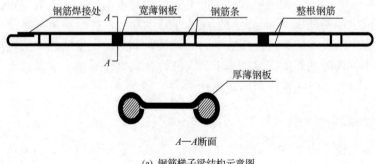

(a) 钢筋梯子梁结构示意图

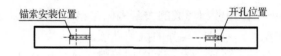

(b) 槽钢开孔位置示意图

图 5-2　不对称桁架控制系统构件图

"多锚索-槽钢-钢筋组合圈梁"桁架结构其中两根锚索安装在巷道中心线偏煤柱半侧,该结构外侧两根单体锚索倾斜布置,深入煤帮上方稳固区域。根据巷道顶板岩层水平运动时对其所产生的承载作用力的大小,调整其自身长度,达到抑制或适应巷道顶板水平挤压-松动扩容变形的目的。

窄煤柱条件下大断面强采动巷道顶板在围岩性质结构、受采动影响程度、矿山压力分布和显现等在沿巷道中心轴两侧存在明显的不对称性,靠近窄煤柱侧顶板围岩及支护系统破损程度明显大于实体煤侧;强采动巷道顶板运动蕴藏有剧烈水平运动,常用锚索 W 钢带或锚索槽钢组合结构容易发生弯曲、撕裂而永久失效。以钢梁-槽钢组合结构和多根锚固至顶板纵深处单体锚索为关键部件的多锚索-钢筋组合圈梁桁架结构,能够有效防止上述矿压显现不对称及锚索复合结构因水平挤压而失效的问题,该系统结构具有锚点稳固、抗剪性强、错动协同、线面接触和高强承载等特点。它是一种能在巷道顶板设置连续的非对称式钢筋-多锚索复合结构,其中锚索支护密度较大的一侧偏向煤柱帮,每个非对称式钢筋-多锚索复合结构由非对称式钢筋托梁和多根与其连接并固定到顶板纵深处的顶板单体锚索构成,连接钢筋托梁两侧的顶板单体锚索倾斜布置,深入煤帮上方稳固区域。该处锚索不对称布置机理:煤柱侧顶板锚索支护密度大于实体煤侧支护密度,可对薄弱的煤柱侧顶板进行加强支护,且锚索的锚固点位于煤巷两肩窝深部不易破坏的三向受压岩体内,不易受煤巷上方顶板离层和变形的影响,为发挥高锚固力提供了可靠稳固的承载基础。两端薄钢板上矩形半圆锚索孔的设计在有效控制顶板垂直下沉运动的同时,对巷道顶板剧烈水平运动亦有较强的适应性,可避免采用锚索 W 钢带组合或锚索-槽钢组合结构时存在弯曲导致结构永久失效问题。钢梁连接构件集成了控制顶板下沉与适应岩层水平移动功能,提升了桁架系统在岩层水平移动过程中的适应能力与抗损毁能力。此外,非对称式钢筋托梁结构质量轻,有利于减小工人劳动强度,提高施工的灵活性,且制作简单、成本低廉、经济性效益显著,具有广泛的推广应用前景。

3. 锚索-槽钢可伸缩梁桁架基本原理

可伸缩型锚索桁架装置如图 5-3 所示,该结构包括两根锚索和紧贴在顶板岩面上的短槽钢组合梁,其中短槽钢组合梁包括主梁、副梁及 2～3 个 U 型卡缆,副梁套入主梁搭接重合一定长度并用 U 型卡缆固定。

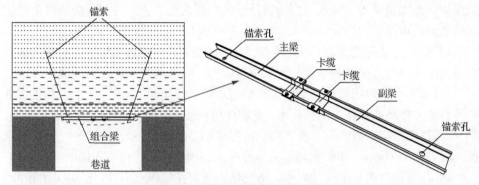

图 5-3　可伸缩型锚索桁架结构示意图

当顶板发生挤压-松动扩容变形破坏时，若短槽钢组合梁在沿其轴线方向承载的作用力大于卡缆组件夹紧产生的静摩擦阻力，短槽钢组合梁则能够适度拉伸或缩进。该结构能有效控制巷道顶板岩层沿水平方向挤压-松动扩容变形，克服锚梁结构在巷道顶板岩层水平运动过程中钢梁扭曲撕裂、松脱失效等难题。在高水平应力、剧烈采动影响等条件下的大断面煤巷顶板岩层易发生较大的水平运动，而岩层水平运动易造成巷道顶板挤压-松动扩容大变形往往会沿巷道走向形成破碎带，易诱发大范围冒顶垮落事故，对巷道维护和工作面安全生产极为不利。一种用于巷道顶板支护的可伸缩型锚索桁架结构，其结构简单，使用方便，其组合梁可以根据巷道顶板岩层水平运动时对其产生的承载作用力大小调整其自身长度，达到抑制或适应巷道顶板水平挤压-松动扩容变形的目的，并确保组合梁不会发生扭曲撕裂、断开失效等现象，防止巷道垮落冒顶事故的发生。以两段式高强短钢梁和凹型搭接组件为主要部件的可伸缩锚索桁架结构不仅具有桁架结构特性和实现不对称全断面控顶，而且适应顶板煤岩体水平大变形破坏的挤压—稳定—松动扩容全过程，具有连接牢固、稳定性好、双向恒阻等特点。当巷道顶板岩层水平运动导致组合梁沿其长度方向承载的作用力小于或等于连接组件夹紧产生的静摩擦阻力时，组合梁结构稳定，能够起到抑制巷道顶板水平挤压-松动扩容变形的作用；当组合梁承载的作用力大于连接组件夹紧产生的静摩擦阻力时，组合梁的长度能够适度加长或减小，以适应巷道顶板水平挤压-松动扩容变形，确保组合梁不会发生扭曲撕裂、断开失效等现象，从而防止巷道垮落冒顶事故的发生[4]。

5.1.3　控制系统优越性

1. 锚索桁架的优越性

(1)预应力锚索桁架联合控制系统能在水平和铅垂方向同时提供主动支护力，且所受的拉应力和提供的支护力随顶板变形而增加。该系统有效降低巷道中部区域煤岩体最大拉应力，有利于煤岩体处于多向压应力状态，并提高煤岩体的强度和抗变形破坏性能。

(2)锚索桁架长度大、抗剪性能强，斜穿过煤帮上方附近顶板最大剪应力区且作用范围大，与角锚杆和顶板共同承担剪应力，能有效控制顶板剪切破坏。

(3)预应力锚索桁架控制系统钢绞线与顶板呈线接触，钢绞线上的载荷能连续传递且能方便地施加很高的预拉力，支护作用范围大，松散破碎顶板受力状态好。

(4)锚索桁架锚固点位于巷道两肩窝深部不易破坏的三向受压岩体，不易受顶板离层和变形的影响，为锚索桁架系统发挥高锚固力提供了可靠稳固的承载基础。

(5)在顶板弯曲和下沉过程中，桁架结构的两帮锚固点内移，受力增加较慢，支护结构不易失效，其闭锁结构可以控制顶板进一步变形和防止恶性冒顶事故。

(6)锚索-钢筋组合圈梁桁架系统中两端薄钢板上矩形半圆锚索孔能在系统有效控制顶板垂直下沉运动的同时，对巷道顶板剧烈水平运动亦有较强的适应性，其连接构件集成了控制顶板下沉与适应岩层水平移动功能，提升了桁架系统在岩层水平移动过程中的适应能力与抗损毁能力。

(7)锚索-槽钢可伸缩梁桁架能抑制顶板下沉和水平挤压变形，且各构件协同承载，适应顶板煤岩体水平变形破坏的挤压—稳定—松动扩容全过程，对顶板水平变形破坏具有双向恒阻功能。双向可伸缩锚索桁架支护优越性体现在以下四个方面：①能在水平方向和垂直方向提供主动支护力，降低巷道顶板中部最大拉应力；②锚索斜穿煤帮上方附近顶板最大剪应力区，能有效控制顶板岩层剪切破坏；③组合梁紧贴顶板且能适应其挤压-松动扩容变形，提高顶板浅部岩层支护强度，松散破碎顶板受力状态好；④锚索桁架锚固点位于巷道两肩窝深部无裂隙区，锚固端可靠稳定。这种支护结构不易失效，其闭锁结构可以控制顶板变形且防止恶性冒顶事故[5]。

预应力锚索桁架控制系统能够解决厚层软弱破碎顶板、高水平地应力、采动支承压力等复杂条件下的垮冒煤巷支护难题，弥补单体锚索支护的不足，该支护方式在大排距(超过两排锚杆)下可以防止恶性冒顶事故，加密排距(小于两排锚杆)可以进一步控制变形。预应力锚索桁架控制系统适用于顶板为高围岩应力和变形范围大的巷道，具有良好的应用价值。该支护形式可以在顶板未出现离层时强化顶板，减少变形；在出现离层时，也能保证巷道的安全使用，特别是在巷道顶板应力显现明显的情况下，效果更加明显[6,7]。

高预应力锚索桁架控制系统将有效解决大断面强采动综放煤巷围岩控制难题，相对国内外桁架锚杆和单体锚索支护技术取得了新的进展，其与国内外同类研究、同类技术的综合比较如表5-2所示。

表 5-2　与国内外同类研究、同类技术的综合比较

对比内容与指标	锚索钢梁桁架	锚索连接器桁架	桁架锚杆	传统单体锚索
适应的生产地质条件	大跨度、复杂围岩	大跨度、复杂围岩	次大跨度、较好围岩	中小跨度、一般围岩
锚固点位置	巷帮上方深部受压岩体与顶板稳定岩层	巷帮上方深部受压岩体	巷帮附近浅部岩体	巷道正上方，易受采动影响
连接方式	刚柔匹配连接	柔性连接	刚性连接	无水平方向连接
连接紧固件	锚索-钢筋组合圈梁，锚索-槽钢可伸缩梁	同轴型连接锁紧器	过渡托架、水平拉杆、拉紧器、螺母	大托板、锁具
预紧力大小及方向	大，水平方向和铅垂方向上	大，水平方向和铅垂方向上	小，水平方向和铅垂方向上	大，铅垂方向上
与被锚固岩体接触方式	线面接触、面接触	线接触、连续传递	断续接触、部分传递	点接触
结构特征	整体闭锁大结构	等强闭锁大结构	非等强中小结构	未形成结构
控制范围及控制顶板剪切	长、宽、高，强	长、宽、高，强	长、次宽、低，弱	短、宽、高，无
锚固区围岩应力状态	显著改善顶板水平方向和铅垂方向应力	显著改善顶板水平方向和铅垂方向应力	改善顶板水平方向和铅垂方向应力	不能改善顶板水平应力
适应岩层水平移动的能力	适应岩体水平变形破坏的全过程；双向横阻	二次张拉，可适应岩层水平移动	不适应岩层水平移动	抗岩层水平移动能力弱

2. 桁架锚索类型发展及效果评价

许多学者致力于桁架锚索研究，主要代表性的发展过程是：卡壳式桁架锚索—槽钢-锚索组合简易桁架锚索—同轴式桁架锚索—弧形式桁架锚索—钢筋托梁桁架锚索，如图 5-4 所示。

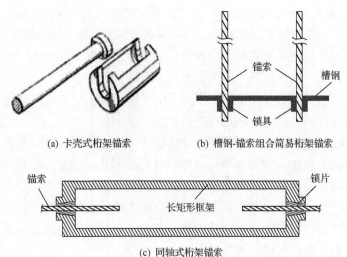

(a) 卡壳式桁架锚索　　　(b) 槽钢-锚索组合简易桁架锚索

(c) 同轴式桁架锚索

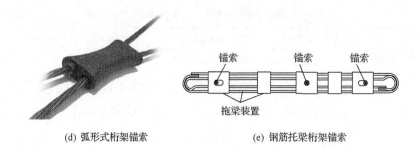

(d) 弧形式桁架锚索　　　　　　　　(e) 钢筋托梁桁架锚索

图 5-4　桁架锚索发展类型

卡壳式桁架锚索主要使用在欧美地区房柱工艺中柱体控制上，它的钢绞线主要是接头是通过卡壳连接。

近年来，随着我国煤矿巷道断面增大、开采强度影响大等特点突出，在很大程度上推动了桁架锚索的发展，同时期被广泛使用类型有：槽钢与锚索组合形成的简易桁架锚索、同轴式桁架锚索、弧形式桁架锚索、钢筋托梁桁架锚索。

在大量工业试验的基础上，对各类型桁架锚索进行了工程效果评价。

(1)卡壳式桁架锚索。它主要使用在早期，由于钢绞线通过设计的卡壳连接，使得其不能安装初期施加有效的预紧力，主动支护效应小。同时，在使用的过程中容易脱壳而出，效果不是很理想。

(2)槽钢-锚索组合简易桁架锚索。它的主要特点是将锚索锚固在槽钢上，孔口跨度范围内使用槽钢托底。由于槽钢属于刚性结构，在用于水平错动的煤岩体围岩控制中，槽钢孔口常发生撕裂损坏，槽钢托底的过程中易发生 V 形破坏。所以，该简易式桁架锚索常被使用在水平错动小的巷道中。

(3)弧形式桁架锚索。该结构不仅具有连接锚索接头的功能，而且具有锁紧的功能。它克服了上述桁架锚索的缺点，同时提供了锁紧功能，能高施加高预紧力，可靠性高。另外，它还能提供应力二次张拉。对地质条件适应性强，被广泛使用在五家沟、马营矿、同忻矿等大断面切眼或大型综放煤巷中。

(4)同轴式桁架锚索。它的钢绞线接头通过同轴式连接，由于连接结构设计巧妙，使得其易操作，但是它不能进行二次张拉。

(5)钢筋托梁桁架锚索。它分别将两根钢筋加工成内、外圈梁，通过焊接、板卡壳和特制的托盘连接。因为两端托盘开设有椭圆形孔，锚索可相对托梁滑动，以适应水平错动的围岩，所以该桁架锚索适用于具有水平错动的巷道围岩。需要指出的是，现阶段在施工中要确保三个或三个以上的钻孔在绝对直线上是很难做到的，所以该桁架锚索美中不足的是安装上具有一定困难，但随着安装工艺的发展，该桁架锚索还是具有很大的发展空间。

煤巷在强采动作用影响下，顶板离层错动现象凸显，加上顶煤破碎严重，急需托顶挤压阻止破碎扩展。另外，在剧烈动压影响时，锚索易出现应力松弛，所以，有时需要进行二次张拉。基于桁架锚索优越性及不同类型的桁架锚索支护效果分析得出，弧形式桁架锚索能够很好地实现对上述煤巷的控制。

5.2　新型高预应力锚索桁架结构力学特性

5.2.1　结构力学参数

桁架锚索对顶板岩层在垂直方向离层和水平方向错动的抑制作用是基于其自身的高抗拉强度和安装时的预紧力，因此成为煤巷围岩支护设计的重要参数。现对桁架锚索单独建立力学模型，如图 5-5 所示，分析其在承载过程中抗拉强度和预紧力的合理选择区间。

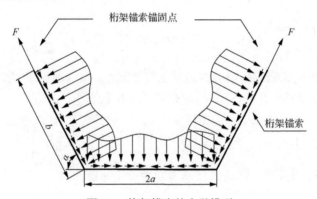

图 5-5　桁架锚索的力学模型

F 为桁架锚索轴力；α 为桁架锚索倾斜角度；
$2a$ 为桁架锚索在顶板底部的跨度；b 为岩层内部区段载荷作用的长度

如图 5-5 所示，建立桁架锚索的力学模型时，考虑到桁架锚索承载的复杂性和计算的可操作性，因此做以下几点简化：①桁架锚索对称布置于顶板岩层内；②桁架锚索与顶板岩层之间的相互作用力对等，且两肩锚索受力一致；③桁架锚索与钻孔内岩体接触产生摩擦力均匀分布于锚索杆体上，且左右一致；④桁架锚索各部分承受载荷不均匀，但沿结构中心线左右两端对称。

1. 桁架锚索抗拉强度最低容许值计算

基于图 5-5 桁架锚索结构的力学模型，对桁架锚索所受载荷细化并添加相应坐标系，如图 5-6 所示，作用于桁架锚索外漏区段载荷为 $q(x)$，岩层内部区段载荷为 $g(x)$，以结构中心线为对称轴，左右受力一致，但桁架锚索左右单独部分载荷均有非匀称性。

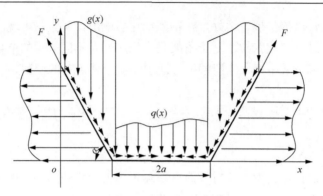

图 5-6 桁架锚索承载分析

桁架锚索在正常锚固状态下，考虑与顶板锚固岩层之间的摩擦力，轴力可按式(5-1)计算：

$$2F\sin\alpha = \int_{b\cos\alpha}^{2a+b\cos\alpha} q(x)\mathrm{d}x + 2\big[f_1\sin\alpha\cos\alpha(1+\lambda\tan\alpha)+1\big]\int_0^{b\cos\alpha} g(x)\mathrm{d}x \quad (5\text{-}1)$$

式中，f_1 为锚桁架锚索倾斜部分与岩体的摩擦系数；λ 为侧压系数。

由桁架锚索的轴力[式(5-1)]可求得对应工作状态下的拉应力：

$$F = \frac{1}{2\sin\alpha}\int_{b\cos\alpha}^{2a+b\cos\alpha} q(x)\mathrm{d}x + \left[f_1\cos\alpha(1+\lambda\tan\alpha)+\frac{1}{\sin\alpha}\right]\int_0^{b\cos\alpha} g(x)\mathrm{d}x \quad (5\text{-}2)$$

简化桁架锚索水平段载荷，按巷道覆岩容重计取，即

$$q(x) = q_{\mathrm{h}} = \gamma h \quad (5\text{-}3)$$

式中，γ 为上覆岩层的平均体积力，kN/m^3；h 为需考虑的上覆岩层厚度，m；q_{h} 为单位面积上覆岩层重量。

根据桁架锚索岩层内部区段载荷的分布特征，建立该区段载荷线性方程组：

$$\begin{cases} g(x) = mx + n \\ g(0) = k_1 q_{\mathrm{h}} \\ g(b\cos\alpha) = k_2 q_{\mathrm{h}} \end{cases} \quad (5\text{-}4)$$

式中，m、n 分别为线性载荷方程参数；k_1、k_2 分别为锚固段载荷与上覆岩层载荷比例系数。

求解方程组得

$$g(x) = \frac{(k_2 - k_1)q_{\mathrm{h}}}{b\cos\alpha}x + k_1 q_{\mathrm{h}} \quad (5\text{-}5)$$

桁架锚索轴力的具体表达式为

$$F = \frac{b\cos\alpha(k_1 + k_2)\left[f_1\cos\alpha(1 + \lambda\tan\alpha)\sin\alpha + 1\right] + 2a}{2\sin\alpha}\gamma h \tag{5-6}$$

此时的桁架锚索应力为

$$\sigma_{\text{ten}} = \frac{b\cos\alpha(k_1 + k_2)\left[f_1\cos\alpha(1 + \lambda\tan\alpha)\sin\alpha + 1\right] + 2a}{2\sin\alpha s_{\text{cable}}}\gamma h \tag{5-7}$$

式中，s_{cable} 为锚索横截面面积。

由式(5-6)和式(5-7)可知，σ_{ten} 为桁架锚索抗拉强度容许值的最低界限，只有抗拉强度大于该值时，才能充分发挥桁架锚索对顶板岩层抑制离层错动双向破坏的作用。

2. 桁架锚索安装时预紧力界限值求解

桁架锚索预应力分布如图 5-7 所示，考虑到结构整体的对称性，取桁架锚索的左半部来研究其预应力分布。巷道开挖后，运用桁架锚索控制其后续变形，通过安装时施加给锚索的预紧力将两根锚索连接于顶板表面的连接器处，用以获得足够的预应力来控制顶板岩体的双向变形。预紧力的大小直接关乎桁架锚索的有效性，预紧力过小，锚索处于松弛状态，支护效果微乎其微；预紧力过大，锚索在经受载荷初期很容易突破极限载荷发生破断，造成结构损坏，在有冲击来压的矿井常伴有锚索破断弹射现象，造成极大的安全隐患。

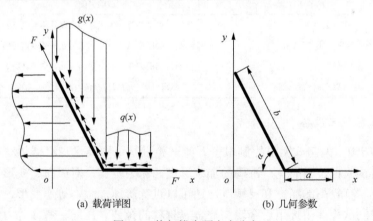

(a) 载荷详图   (b) 几何参数

图 5-7 桁架锚索预应力分布

根据 $\Sigma x=0$，$\Sigma y=0$，可得以下方程：

$$\begin{aligned}
F' &= f_2\int_{b\cos\alpha}^{a+b\cos\alpha} q(x)\mathrm{d}x + f_1\cos\alpha(\cos\alpha + \lambda\sin\alpha)\int_0^{b\cos\alpha} g(x)\mathrm{d}x \\
&+ \lambda\int_0^{b\cos\alpha} g(x)\mathrm{d}x + F\cos\alpha
\end{aligned} \tag{5-8}$$

$$F = \frac{1}{\sin\alpha}\int_{b\cos\alpha}^{a+b\cos\alpha} q(x)\mathrm{d}x + \left[\frac{1}{\sin\alpha} - f_1\cos\alpha(1+\lambda\tan\alpha)\right]\int_0^{b\cos\alpha} g(x)\mathrm{d}x \quad (5\text{-}9)$$

$$F' = (\cot\alpha + \lambda)\int_0^{b\cos\alpha} g(x)\mathrm{d}x + (\cot\alpha + f_2)\int_{b\cos\alpha}^{a+b\cos\alpha} q(x)\mathrm{d}x \quad (5\text{-}10)$$

分别将线性载荷参数代入后可以得到预紧力的表达式如下：

$$F' = \frac{b\cos\alpha(k_1+k_2)(\cot\alpha+\lambda) + 2a(\cot\alpha+f_2)}{2}\gamma h \quad (5\text{-}11)$$

桁架锚索的初始预紧力可按式(5-11)施加，若回采过程中桁架锚索出现松弛现象，可进行二次张拉，张拉力不宜过大，预紧力满足式(5-11)要求即可。

5.2.2　力学试验

1. 可伸缩型锚索桁架力学性能试验方案

可伸缩型锚索桁架结构的主要特点在于组合梁可以实现双向恒阻功能。该试验的目的主要是测试组合梁的双向恒阻性能，这对设计和选材及设备的安全和评估都有很重要的应用价值和参考价值，试验方案如表5-3所示。

表5-3　可伸缩型锚索桁架试验方案

序号	方案	试验目的
1	组合梁拉伸试验	检测组合梁拉伸时的恒阻摩擦力及其构件破坏特征
2	组合梁压缩试验	检测组合梁压缩时的恒阻摩擦力及其构件破坏特征
3	特制槽钢三点弯曲试验	检测特制槽钢弯曲载荷极值及其弯曲破坏特征
4	组合梁三点弯曲试验	检测组合梁弯曲载荷极值及其弯曲破坏特征

2. 试验仪器设备

CMT5605 大门式微机控制电子万能试验机是电子技术与机械传动相结合的新型材料试验机，具有宽广准确的加载速度和测力范围，对载荷、变形、位移的测量和控制有较高的精度和灵敏度，还可以进行等速加载、等速变形、等速位移的自动控制试验，主要用于金属、非金属材料的拉伸、压缩、弯曲等力学性能测试和分析研究。600kN 电子万能试验机结构如图 5-8 所示。

该试验机主要技术规格及参数：最大载荷为 600kN，位移分辨率为 0.015μm，横梁速度调节范围为 0.001～250mm/min，加载速度为 0～60mm/min，试件厚度为 0～15mm，试样宽度为 0～80mm，最大行程为 650mm。其夹具形式有标准楔形拉伸附具、压缩附具和弯曲附具。

图 5-8　600kN 电子万能试验机(CMT5605)

3. 组合梁构件设计与制造

组合梁主要由 1 根主梁(特制大号槽钢)、1 根副梁(特制小号槽钢)和 2~3 副卡缆组成,下面将对各构件几何尺寸、材质及制作过程做详细介绍。

1)特制槽钢

特制槽钢尺寸主要用底槽宽度(a)、腰高度(b)、钢板厚度(c)、附耳宽度(d)、底槽外伸段长度(l)和槽钢长度(L)表示,其尺寸与普通矿用槽钢相比,横截面两侧增加一对附耳,特制槽钢设计底槽外伸段的目的是与试验仪器夹具配套,以便拉伸与压缩。

特制槽钢的材质是含碳量不超过 0.25%的碳素结构钢,与矿用槽钢相同,其制作工艺为冲压成型,原料钢板由压力机压制出来,制作完成后副梁刚好能够套入主梁且相互吻合,特制槽钢几何形状如图 5-9 所示,其规格如表 5-4 所示。

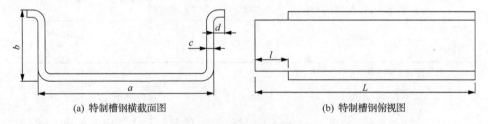

(a) 特制槽钢横截面图　　　　　　　　　　　(b) 特制槽钢俯视图

图 5-9　特制槽钢几何形状

表 5-4　特制槽钢尺寸　　　　　　　　　　(单位：mm)

特制槽钢组件	横截面尺寸				长度(L)	底槽外伸段长度(l)
	底槽宽度(a)	腰高度(b)	钢板厚度(c)	附耳宽度(d)		
主梁	92	44	4.5	14	400	60
副梁	83	44	4.5	14	400	60

2) 卡缆

每个卡缆由 1 个外夹板、1 个内夹板和 2 个紧固件 (螺栓、普通金属垫片、弹簧垫片、螺母) 组成。

卡缆尺寸主要用底槽宽度 (a)、腰高度 (b)、钢板厚度 (c)、附耳宽度 (d)、螺栓孔直径 (D) 和卡缆宽度 (L) 表示。卡缆的材质与特制槽钢相同,采用冲压成型方式制作,制作完成后外夹板和内夹板能够将主梁和副梁搭接段固定,且螺栓孔应一一对应,可以用螺栓预紧固定,采用 2 套螺栓。卡缆组件几何形状如图 5-10 所示,规格如表 5-5 所示。

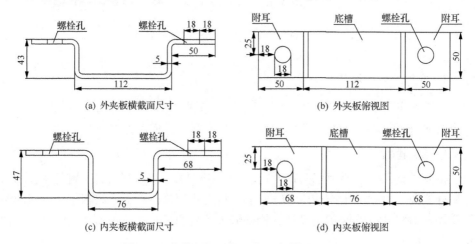

(a) 外夹板横截面尺寸　　　　　　　　　　(b) 外夹板俯视图

(c) 内夹板横截面尺寸　　　　　　　　　　(d) 内夹板俯视图

图 5-10　卡缆几何形状及其尺寸 (单位:mm)

表 5-5　卡缆组件尺寸　　　　　　　　　　　(单位:mm)

卡缆组件	横截面尺寸				宽度 (L)	螺栓孔直径 (D)
	底槽宽度 (a)	腰高度 (b)	钢板厚度 (c)	附耳宽度 (d)		
外夹板	112	43	4.5	50	50	18
内夹板	76	47	4.5	68	50	18

注:配套螺栓、M16 螺母、弹簧垫片。

3) 组合梁制作流程

组合梁制作流程:将副梁一端套入主梁 (副梁外表面与主梁内表面充分接触),重合搭接段长度为 300mm;然后,用 2 个卡缆进行夹紧固定 (夹紧程度通过螺母预紧扭矩进行调节),从而形成组合梁,组合梁结构尺寸如图 5-11 所示。其中,组合梁两端 (主梁左端和副梁右端) 均有 60mm 的底槽外伸段用于和拉伸试验仪器连接固定。

按照组合梁设计尺寸,制作组合梁各构件并使用固定装置、扳手等工具进行组装,组合梁构件及其整体结构如图 5-12 所示。

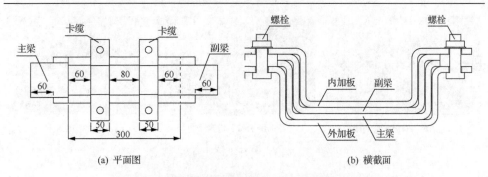

(a) 平面图　　　　　　　　　　(b) 横截面

图 5-11　组合梁试件几何形状及尺寸（单位：mm）

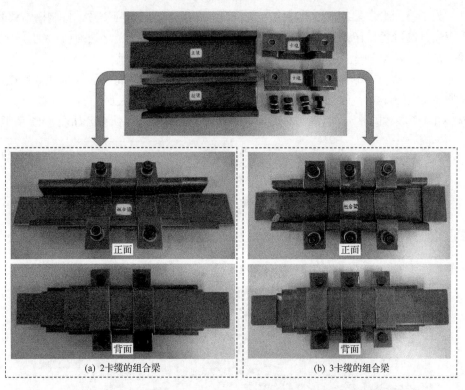

(a) 2卡缆的组合梁　　　　　　(b) 3卡缆的组合梁

图 5-12　组合梁构件及其整体结构

4. 组合梁尺寸检测与受力检测系统

1) 组合梁尺寸检测

组合梁尺寸检测的目的是确定组合梁试件是否合格，检测工具包括塞尺、游标卡尺、扭矩扳手等。其中塞尺是由一组具有不同厚度级差的薄钢片组成，用于装配间隙、间距的测量，也可判断塞尺与被测表面配合的松紧程度。组合梁尺寸检查如图 5-13 所示。

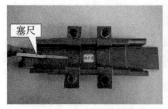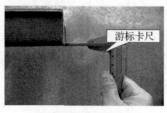

(a) 测量组合梁装配间隙　　　(b) 测量特制槽钢厚度　　　(c) 检测螺母预紧力

图 5-13　组合梁尺寸检测

2) 组合梁受力检测软硬件系统

为了检测组合梁各部位的应力分布情况，在组合梁上贴应变片，特制槽钢梁黏接应变片的准备工作：初次清洗—平滑处理—清洗—表面粗糙化处理(磨光机)—划线—清洗与清除油脂—有选择性进行酸洗、冲洗和干燥处理。

利用金属材料的应变-电阻效应制成简式电阻应变计，间接测量构件的应变，其原理如图 5-14 所示。该简式电阻应变仪主要特点是将放大后的信号经模数转换器(A/D)变成数码显示，读数方便准确。组合梁受力检测软硬件系统如图 5-15 所示。

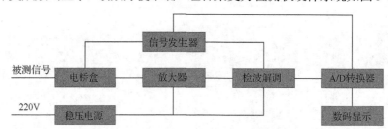

图 5-14　简式电阻应变仪工作原理

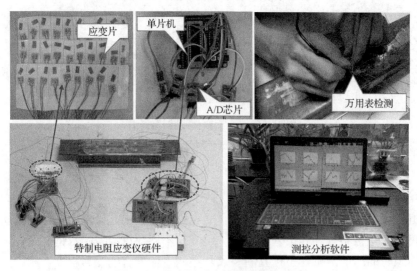

图 5-15　组合梁受力检测软硬件系统

5. 测试过程与数据分析

1) 组合梁拉伸测试及数据分析

将组合梁竖向放置于拉伸试验台，两端分别用夹具固定。为保持组合梁结构完全垂直，在其上端右侧放置厚度为 4.5mm 的钢片，下部左侧放置厚度为 4.5mm 的钢片，然后调节电阻应变仪上各组电桥至平衡状态，每次增加，记录各点的应变值。试验测试设定参数：拉伸速度为 2mm/min，量程为 60mm。组合梁拉伸测试如图 5-16 所示。

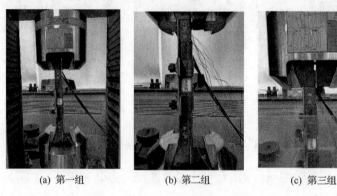

(a) 第一组　　　　　　(b) 第二组　　　　　　(c) 第三组

图 5-16　组合梁拉伸测试

经过三组拉伸试验测试，得组合梁拉伸时摩擦阻力分布规律，如图 5-17 所示。

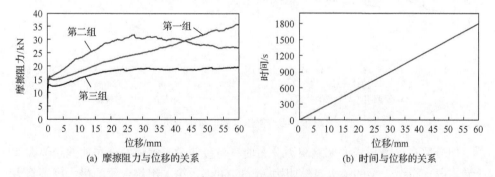

(a) 摩擦阻力与位移的关系　　　　　　(b) 时间与位移的关系

图 5-17　组合梁拉伸测试数据分析

试验初期阶段摩擦阻力急剧上升，达到 12～16kN；试验中期，组合梁由静载状态转变为动载状态，之后摩擦阻力曲线分布趋于平缓；试验后期，摩擦阻力曲线基本稳定。第一组组合梁的最大摩擦阻力 F_1=36.06kN，第二组组合梁的最大摩擦阻力 F_2=31.88kN，第三组组合梁的最大摩擦阻力 F_3=19.76kN。由此可知，第三组装配误差较大，需进行调整。

2) 组合梁压缩测试及数据分析

组合梁竖向放置于压缩试验台，两端分别用夹具固定。为保持组合梁结构完全垂直，在其上端右侧放置厚度为 4.5mm 的钢片，下部左侧放置厚度为 4.5mm 的钢片。试验测试设定参数：拉伸速度为 2mm/min，量程 60mm。组合梁的压缩测试如图 5-18 所示。

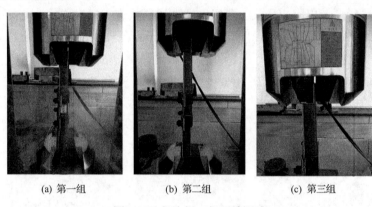

(a) 第一组　　　　　　　(b) 第二组　　　　　　　(c) 第三组

图 5-18　组合梁三组压缩测试

经过三组压缩试验测试，得组合梁压缩时摩擦阻力分布规律，如图 5-19 所示。

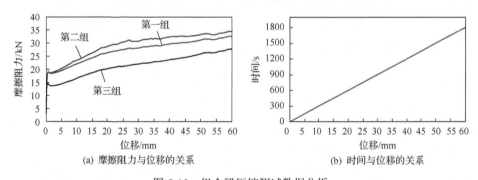

(a) 摩擦阻力与位移的关系　　　　　　　(b) 时间与位移的关系

图 5-19　组合梁压缩测试数据分析

组合梁在压缩形成的摩擦阻力分布曲线与拉伸时摩擦阻力分布曲线趋势大体一致。第一组组合梁的最大摩擦阻力 F_1=32.60kN，第二组组合梁的最大摩擦阻力 F_2=34.42kN，第三组组合梁的最大摩擦阻力 F_3=27.74kN。由此可以说明，组合梁在拉伸与压缩时基本处于恒阻状态。

3) 主梁和副梁抗弯曲测试及数据分析

调整夹具活动平台上的距离，将主梁/副梁水平放置于弯曲试验台，升降活动平台，使上压头对准横梁正中加载点，且上压头与梁刚好接触。采用等量加载法，试验测试设定参数：当垂直方向位移为 0～30mm 时，加载速度为 2mm/min；当垂直方向位移为 30~42mm 时，加载速度为 4mm/min。主梁和副梁的三点弯曲试验测试如图 5-20 所示。

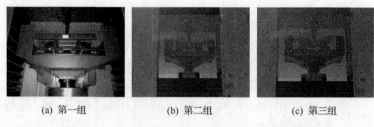

(a) 第一组　　　　　　(b) 第二组　　　　　　(c) 第三组

图 5-20　特制槽钢(主梁和副梁)三点弯曲测试

经过两组试验测试，得到特制槽钢主梁和副梁抗弯曲分布规律，如图 5-21 所示。

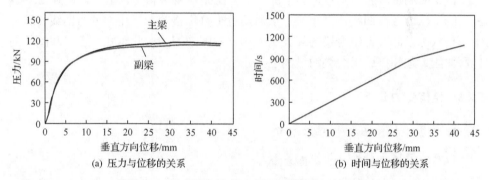

(a) 压力与位移的关系　　　　　　　　(b) 时间与位移的关系

图 5-21　特制槽钢主梁和副梁抗压能力分布曲线

试验初期阶段随着垂直位移增加，压力呈抛物线状态急剧上升，然后随着垂直位移增加，压力分布曲线一直处于平行状态。此时，主梁的最大压力 p_1=117.74kN，副梁的最大压力 p_2=114.07kN，主梁和副梁的抗弯曲能力差别不大。

4) 组合梁三点弯曲试验数据分析

组合梁安装方法同主梁和副梁一样，采用等量加载法，试验测试设定参数与主梁和副梁一样，组合梁三点弯曲试验测试如图 5-22 所示。

(a) 第一组　　　　　　(b) 第二组　　　　　　(c) 第三组

图 5-22　组合梁三点弯曲测试

经过试验测试，得到组合梁弯曲时压力分布规律，如图 5-23 所示。

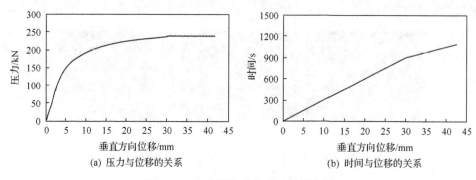

图 5-23　组合梁抗弯曲测试数据分析

　　试验初期阶段随着垂直位移增加，压力呈抛物线状态急剧上升，达到 220kN 左右时，压力分布曲线逐渐平缓，然后随着垂直位移增加，压力分布曲线一直处于平行状态。此时，组合梁的最大压力 $p = 239.32$kN。由此可知，主梁和副梁的抗弯曲能力之和接近组合梁的最大压力。

5.2.3　结构受力分析

1. 组合梁拉伸/压缩恒阻摩擦力

1) 螺栓预紧力与螺母扭矩的关系

　　螺母扭矩与螺栓预紧力的关系曲线如图 5-24 所示，以 M16 螺栓为例，螺栓强度为 8.8 级，螺母标准扭矩为 210N·m，则螺栓的预紧力为 72.9kN。

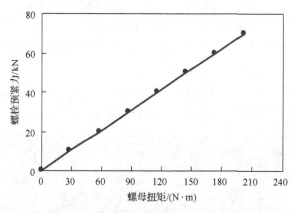

图 5-24　螺母扭矩与螺栓预紧力的关系

　　在紧固件结构中，螺栓预紧力、螺母扭矩、螺纹公称直径及扭矩系数之间的关系为

$$N = \frac{T}{kd} \tag{5-12}$$

式中，N 为螺栓预紧力，kN；T 为螺母扭矩，N·m；k 为扭矩系数，一般取值 0.18；d 为螺纹公称直径，mm。

2) 组合梁恒阻摩擦力变化理论曲线

2 卡缆组合梁和 3 卡缆组合梁的恒阻静摩擦力计算公式分别如下。

(1) 采用 2 个卡缆固定组合梁时，组合梁的恒阻摩擦力计算公式为

$$F_s = 4Nu \tag{5-13}$$

式中，F_s 为组合梁的恒阻摩擦力，kN；u 为钢与钢之间的静摩擦力，一般取值为 0.15。

(2) 采用 3 个卡缆固定组合梁时，组合梁的恒阻摩擦力计算公式为

$$F_s = 6Nu \tag{5-14}$$

组合梁的恒阻摩擦力与螺栓预紧力关系曲线如图 5-25 所示，由此可知，随着螺栓预紧力的增加，2 卡缆组合梁和 3 卡缆组合梁的恒阻静摩擦力差值逐渐增大。以 M16 螺栓为例，螺母标准扭矩为 210N·m，2 卡缆组合梁的恒阻静摩擦力为 43.74kN，3 卡缆组合梁的恒阻静摩擦力为 65.61kN。

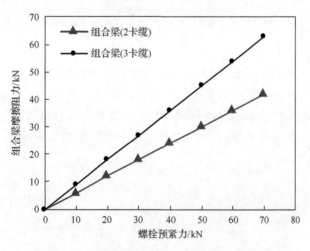

图 5-25　组合梁恒阻摩擦力与螺栓预紧力的关系

2. 双向可伸缩锚索桁架结构力学分析

1) 组合梁对顶板施加的载荷

组合梁对顶板施加的载荷是通过锚索预紧力实现的。施加不同锚索预紧力时，

组合梁对顶板施加的载荷也不同，组合梁对顶板的平均支护强度计算公式为

$$P = \frac{2F\cos\alpha}{La} \tag{5-15}$$

式中，P 为组合梁对顶板的支护强度，MPa；F 为锚索预紧力，kN；α 为锚索倾斜角度，(°)；L 为组合梁长度，mm；a 为组合梁底槽宽度，mm。

以 14# 特制槽钢为例，其接触顶板面积 $S=La=2000\text{mm}\times140\text{mm}=280000\text{mm}$，记锚索预紧力 F 值变化范围为 0～250kN，锚索倾斜角度为 20°，则组合梁对顶板的支护强度随锚索预紧力的变化曲线如图 5-26 所示。

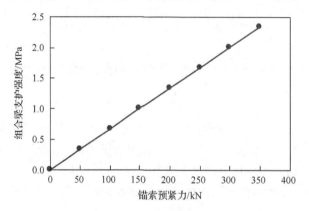

图 5-26　组合梁对顶板的支护强度变化曲线

2) 整体结构力学分析

根据端部锚固锚索桁架的支护机理，提出双向可伸缩锚索桁架支护型式参数的设计公式和分析解析式，为工程分析和设计提供了理论工具。双向可伸缩锚索桁架结构对顶板提供的作用力可分解为水平方向和垂直方向的力，设锚索倾斜部分垂直方向上均布力为 $T\sin\alpha$，组合梁垂直方向上均布力为 $T\cos\alpha$，锚索桁架结构受力如图 5-27 所示。

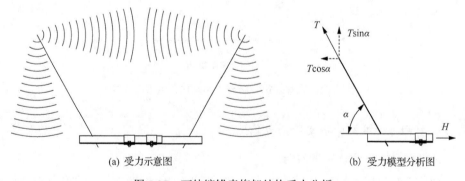

(a) 受力示意图　　　　　　(b) 受力模型分析图

图 5-27　可伸缩锚索桁架结构受力分析

由于锚索桁架结构具有对称性，可取其结构的一半进行分析。

x 方向的平衡方程：

$$T_h = T\cos\alpha \qquad (5\text{-}16)$$

y 方向的平衡方程：

$$T_v = T\sin\alpha \qquad (5\text{-}17)$$

式(5-16)和式(5-17)中，T 为锚索预紧力，kN；T_v 为垂直方向锚索提供的支护力，kN；T_h 为水平方向锚索提供的支护力，kN。

5.3　新型高预应力锚索桁架结构双向控制作用

高预应力桁架锚索对采动影响煤巷顶板岩层的水平错动和垂直下沉均有良好的控制作用，煤巷桁架锚索结构从安装完毕至经受采动影响的过程中始终与顶板紧密贴合，对围岩的变形的适应性强，桁架结构与顶板岩层形成组合承载体共同承载，减弱了煤巷围岩的采动影响。

5.3.1　组合梁结构力学模型

基于桁架锚索能与顶板岩层紧密贴合的特点，将桁架锚索与其锚固深度范围内的煤巷顶板岩层看成整体弹性组合梁结构，建立力学模型如图 5-28 所示，分析桁架锚索与顶板岩层的该组合结构的受力特征，对模型做以下几点简化：①顶板-桁架锚索弹性组合梁结构材质均匀；②忽略桁架锚索与顶板岩层之间的摩擦力；③梁结构上覆为均布载荷，均匀对称；④桁架锚索仅沿长度方向变形，且所受内力均匀分布。

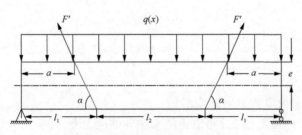

图 5-28　组合梁结构力学模型

图 5-28 中，顶板-桁架组合梁在垂直方向上的作用力有均布载荷 $q(x)$，桁架锚索锚固作用引起的对称载荷为 F，其中 F 与岩层水平面夹角为 α，在水平方向与竖直方向均有分量；组合梁跨度由桁架锚索下部拐点距梁端的距离 $2l_1$ 和桁架锚索在顶板底部跨度 l_2 组成，记为 L；组合梁高度为 $2e$，桁架锚索上部锚固点距梁端的距离为 a。

5.3.2　垂直方向控制作用

基于顶板-桁架组合梁力学模型，通过对比分析无桁架锚索支护与有桁架锚索支护两种情况下的顶板挠度变化，阐述桁架锚索在垂直方向对煤巷顶板离层的抑制作用。

1）无桁架锚索支护时，顶板岩层挠度计算

基于材料力学，无桁架锚索作用的顶板岩梁可看做简支梁结构，弹性梁的最大挠度产生于梁的中部弯矩最大处，则其最大挠度 f_1 为

$$f_1 = \frac{5ML^2}{48B_S} \tag{5-18}$$

岩梁中部最大弯矩 M 为

$$M = M_{max} = q(x)L^2 / 8 \tag{5-19}$$

式（5-18）和式（5-19）中，$B_s = 0.85E_cI_0$，其中 E_c、I_0 分别为弹性模量和惯性矩，代入各参数可得

$$f_1 = \frac{5q(x)L^4}{326.4E_cI_0} \tag{5-20}$$

2）桁架控制下组合梁结构的挠度计算

在计算组合梁结构的挠度时，首先应求解桁架锚索对顶板岩层向上的作用力 F'，此作用力可根据桁架锚索在外载荷下的应变求得。

依据结构力学力法可得桁架锚索的应变变化值 $\Delta\varepsilon$ 为[8]

$$\Delta\varepsilon = \Delta l / L \tag{5-21}$$

$$\Delta l = \int \frac{My(x)}{E_cI_0} \mathrm{d}s \tag{5-22}$$

式中，Δl 为锚索长度为 L 时的变形量。

依据式（5-21）和式（5-22）可求得桁架锚索的应力变化值：

$$\Delta\sigma = E_c \frac{\Delta l}{L} = \frac{1}{L}\int \frac{My(x)}{I_0} \mathrm{d}s \tag{5-23}$$

考虑锚索施工时的张拉力 F_s，则通过积分可计算出桁架锚索的锚固力：

$$F' = \frac{A}{L}\int \frac{My(x)}{I_0} \mathrm{d}s + F_s \tag{5-24}$$

　　从桁架锚索与覆岩分别对组合岩梁结构所施加作用力的方向可以看出两者的方向是相反的，因此两种作用力下顶板岩梁结构的挠度是反方向的。当计算两者对岩梁结构的综合挠度时，可分步考虑，分别计算其挠度值，然后结合结构力学计算组合岩梁的综合挠度。

　　依据结构力学力法原则，运用图乘法绘制桁架锚索作用力对岩梁结构产生挠度的等效力学模型，如图 5-29 所示，图 5-29（a）为顶板桁架锚索等效受力图，图 5-29（b）为图乘法等效弯矩图。

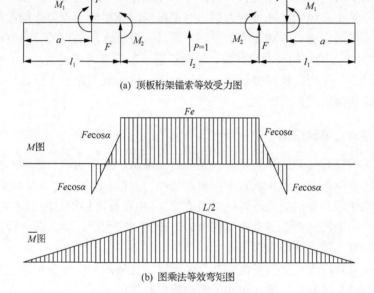

(a) 顶板桁架锚索等效受力图

(b) 图乘法等效弯矩图

图 5-29　桁架锚索反向挠度计算图

组合岩梁所受载荷计算如下：

$$F = 2F' \cos\alpha / (l_1 - a) \tag{5-25}$$

$$M_1 = Fe\cos\alpha \tag{5-26}$$

$$M_2 = Fe(1 - \cos\alpha) \tag{5-27}$$

式中，M_1 为距岩梁端头为 a 处的弯矩；M_2 为距岩梁端头为 l_1 处的弯矩。

　　则在桁架锚索主动支护力作用下组合岩梁的挠度 f_2 可按式（5-28）求得

$$f_2 = \int \frac{M\overline{M}}{E_c I_o} \mathrm{d}x = \frac{Fe}{4E_c I_0} \left(2l_1^2 \cos\alpha - 2a^2 \cos\alpha + 4l_1 l_2 + l_2^2 \right) \tag{5-28}$$

　　因此，桁架锚索支护下组合岩梁结构的综合挠度 f 可由式（5-20）与式（5-28）

的差值求得

$$f = f_1 - f_2 \tag{5-29}$$

代入具体参数后，即

$$f = \frac{5q(x)l^4}{326.4E_c I_0} - \frac{Fe}{4E_c I_0}\left(2l_1^2\cos\alpha - 2a^2\cos\alpha + 4l_1 l_2 + l_2^2\right) \tag{5-30}$$

桁架锚索对顶板岩层在垂直方向挠度的控制作用比较明显，从力学机理上主要体现为：①桁架锚索施加预应力后，对上覆岩层施加给顶板岩梁的载荷有减弱作用，抑制了岩层垂直方向挠度的发展，降低了顶板岩层离层的发生概率；②顶板-桁架锚索组合梁结构整体性较好，锚索锚固于顶板深部坚硬岩层中，能够更好地发挥主动支护作用，能够提供更高的锚固力，进而减弱顶板上下部岩层间不均匀沉降，避免离层现象的产生。

5.3.3　水平方向控制作用

采动影响煤巷受动压影响显著，尤其是上覆围岩结构的剧烈运动对煤巷浅部顶板的破坏影响严重，除在垂直方向上产生剧烈下沉(不均匀时即为离层现象)，在水平方向也很容易造成顶板岩层的错动现象。由顶板离层错动的机理研究可知，煤巷覆岩结构的回转下沉运动会给浅部岩层施加一个水平压力，若无控制措施，顶板岩层即会产生错动响应[9,10]。

现对煤巷顶板无桁架锚索控制和有桁架锚索控制两种情况分别进行简要力学计算，分析桁架锚索对顶板岩层水平错动的控制作用。

1) 无桁架锚索支护时顶板岩层错动条件

无桁架锚索作用时，顶板岩层内任一点发生错动需满足以下条件：

$$\tau \geqslant \sigma\tan\varphi + C$$

式中，τ 为层面的剪应力；σ 为层面的正应力；φ 为层面的内摩擦角；C 为层面的内聚力。

层面内任一点的正应力可按式(5-31)求得

$$\sigma = \frac{My(x)}{I_0} \tag{5-31}$$

式中，$y(x)$ 为错动点距断面中性轴的距离；I_0 为中性轴的断面惯性矩，$I_0 = \frac{2b}{3}e^3$，其中 b 为梁的断面宽度，可取单位宽度 1；M 为错动点的断面弯矩，最大断面弯

矩 $M_{\max}$ 可根据离层面上均布载荷 $q(x)$ 求得

$$M_{\max} = -\frac{1}{3}q(x)e^2 \tag{5-32}$$

相应点的剪应力可由式(5-33)和式(5-34)求得

$$\tau_{xy} = \frac{3}{4}Q_x\left[\frac{e^2 - y(x)^2}{e^3}\right] \tag{5-33}$$

$$Q_x = R - q(x)x = \frac{q(x)(2l_1 + l_2)}{2}\left[1 - \frac{2x}{(2l_1 + l_2)}\right] \tag{5-34}$$

式中，Q_x 为剪切力；R 为梁端支撑力。

考虑到动压影响状态下，上覆岩层结构的剧烈运动，尤其是基本顶结构的回转下沉运动对顶板煤岩施加一个水平推力 T，则采动影响下顶板煤岩层错动需满足：

$$\tau + T \geqslant \sigma \tan\varphi + C \tag{5-35}$$

水平推力 T 可按覆岩结构中 B 岩块向 A 岩块方向施加的水平力 T_{AB} 计算，则无桁架锚索支护下顶板岩层发生错动的条件为

$$\frac{3q(x)L}{8}\left(1 - \frac{2x}{L}\right)\left[\frac{e^2 - y(x)^2}{e^3}\right] + T \geqslant \frac{q(x)y(x)}{2e}\tan\varphi + C \tag{5-36}$$

$$T = T_{AB} \tag{5-37}$$

2)桁架锚索支护下顶板岩层错动力学条件

仅考虑桁架锚索沿自身长度方向的变形时，由于桁架锚索为钢绞线制作，本身具有一定抗剪切强度，并且其锚固力在水平方向的分量对错动剪切力有削弱作用，在垂直方向增加了正应力，所以应考虑桁架锚索自身抗剪切强度和主动作用力的影响。

基于式(5-24)中对桁架锚索主动作用力 F' 的求解，考虑其水平分量 F_1 和垂直分量 F_2 对顶板岩梁的作用，锚索抗剪切破断的强度 τ_1 可根据锚索出厂额定强度计算，则桁架锚索支护下顶板岩层发生水平错动条件可表示为

$$\tau + T - F_1 - \tau_1 \geqslant (\sigma + F_2)\tan\varphi + C \tag{5-38}$$

式中，$F_1 = F'\cos\alpha$；$F_2 = F'\sin\alpha$；τ_1 为钢绞线刚剪切强度，K_C 为错动失稳系数，其表达式可表示为

$$K_{\mathrm{C}} = \frac{\tau + T - F_1 - \tau_1}{(\sigma + F_2)\tan\varphi + C} \tag{5-39}$$

代入各参数可得

$$K_{\mathrm{C}} = \frac{\dfrac{3q(x)L}{8}\left(1 - \dfrac{2x}{L}\right)\left[\dfrac{e^2 - y(x)^2}{e^3}\right] + \cos\alpha' \dfrac{L_{\mathrm{B}}(G_{\mathrm{B}} + q_3 L_{\mathrm{B}})}{h_{\mathrm{B}} - \dfrac{L_{\mathrm{B}}\sin\theta}{2}} - F'\cos\alpha - \tau_1}{\left[\dfrac{q(x)y(x)}{2e} + F'\sin\alpha\right]\tan\varphi + C} \tag{5-40}$$

　　由式(5-39)和式(5-40)可以看出，只有当 $K_{\mathrm{C}}>1$ 时，顶板岩层才会发生错动失稳。对比分析无桁架锚索和有桁架锚索支护两种情况下顶板岩层发生错动的力学条件，不难发现在桁架锚索支护下发生错动的概率降低，力学条件更为苛刻，桁架锚索对抑制顶板水平错动的力学作用主要体现在：①提供给顶板岩层一个水平抗剪切力，并且桁架锚索自身材料的抗剪切性，两者共同作用下大大降低了岩层的水平剪切力，即岩层发生错动需要的水平剪切力比一般情况下要大得多；②桁架锚索在垂直方向的锚固作用力，增强了顶板岩层的紧密性，增大了岩体内的正应力，提高了岩体整体强度，对水平剪切运动的抵抗能力有显著提高。

参 考 文 献

[1] 侯朝炯. 煤巷锚杆支护的关键理论与技术[J]. 矿山压力与顶板管理, 2002(1): 2-5, 109.

[2] 康红普, 姜铁明, 高富强. 预应力锚杆支护参数的设计[J]. 煤炭学报, 2008, 33(7): 721-726.

[3] 谢福星, 何富连, 殷帅峰, 等. 强采动大断面沿空煤巷围岩非对称控制研究[J]. 采矿与安全工程学报, 2016, 33(6): 999-1007.

[4] 何富连. 一种用于巷道顶板支护的可伸缩型锚索桁架装置及方法: CN201410817222.2[P]. 2016-08-17.

[5] 魏臻, 何富连, 张广超, 等. 大断面综放沿空煤巷顶板破坏机制与锚索桁架控制[J]. 采矿与安全工程学报, 2017, 34(1): 1-8.

[6] 严红, 何富连, 徐腾飞. 深井大断面煤巷双锚索桁架控制系统的研究与实践[J]. 岩石力学与工程学报, 2012, 31(11): 2248-2257.

[7] 何富连, 高峰, 孙运江, 等. 窄煤柱综放煤巷钢梁桁架非对称支护机理及应用[J]. 煤炭学报, 2015, 40(10): 2296-2302.

[8] 潘岳, 顾士坦, 戚云松. 初次来压前受超前增压荷载作用的坚硬顶板弯矩、挠度和剪力的解析解[J]. 岩石力学与工程学报, 2013, 32(8): 1544-1553.

[9] 鞠文君. 锚杆支护巷道顶板离层机理与监测[J]. 煤炭学报, 2000, 25(12): 58-61.

[10] 张农, 袁亮. 离层破碎型煤巷顶板的控制原理[J]. 采矿与安全工程学报, 2006, 23(1): 34-38.

第6章 宽煤柱采动影响煤巷分区强化控制技术

本章基于前述对综放宽煤柱煤巷采动影响剧烈程度分区的研究，综合考虑基本顶大结构与煤巷围岩小结构的互馈关系、煤巷顶板离层错动破坏机制及新型桁架锚索双向控制机理，提出剧烈采动煤巷分区差异性强化支护理念，分别对采动煤巷不同影响区域有针对性地进行补强支护并对补强效果进行分析评价。

6.1 回采动压作用区补强机理及方案

王家岭煤矿 20102 区段回风平巷，断面 5.2m×3.5m，煤层平均厚度 6.21m。20102 工作面区段回风平巷设计长度为 1417m，在开掘至 550m 处时，与上区段的 20104 综放面迎头相遇。巷道采用锚网索-钢筋梯子梁联合支护形式，铺底混凝土强度等级 C30，铺底厚度 200mm，如图 6-1 所示。

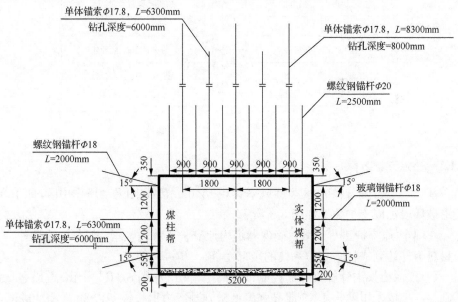

图 6-1　巷道原有支护方案(单位：mm)

在王家岭矿 20102 回风平巷初始支护方案的基础上，结合前述章节对采动影响剧烈程度分区及高预应力桁架锚索双向控制机理的研究，总结提出剧烈采动影响煤巷回采动压作用区(Ⅰ区，掘进期未经历采动支承压力)、掘采联合动压作用区(Ⅱ区)和采后静压作用区(Ⅲ区)的强化控制机理。

6.1.1　回采动压作用区补强机理

依据上述煤巷现场试验和理论研究成果，相对松软的煤巷顶板在剧烈回采扰动具有离层错动效应，该类巷道科学的控制需具有高预紧力的双向控制作用，现研究的桁架锚索结构具有高预紧力和双向控制效果。

采动煤巷Ⅰ区是未来工作开采受剧烈采动的区域，这就要求该区域支护应能满足剧烈采动影响下的工程安全。在初始形成的"支-围"系统上，支护强化机理上应能控制顶板垂直方向的离层下沉和水平方向的剪切错动，提高巷帮围岩力学参数，阻止塑性区挤出破坏扩展，尤其是受剧烈采动影响敏感区段煤柱。总结形成回采动压作用区控制技术如图6-2所示。

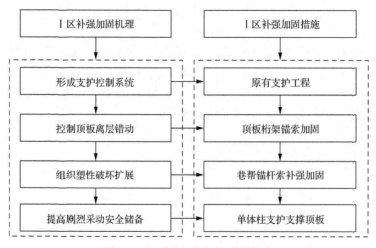

图6-2　回采动压作用区控制技术

6.1.2　补强支护方案

基于上述研究，20102区段回风平巷0～440m范围（回采动压作用区，即Ⅰ区）变形破坏段加固支护方案如图6-3所示。

（1）Ⅰ区原支护工程有效。确保巷道内原支护工程的锚索、锚杆、连接件、支护材料附件达到锚杆索支护系统的全部功能。

（2）顶板桁架锚索补强加固控制顶板离层错动，如图6-3（b）所示。在原有支护基础上，顶板采用两根1×7股高强度低松弛预应力钢绞线 Φ17.8mm×9300mm，钻孔参数：钻孔深度8000mm，钻孔直径28mm。安装尺寸参数：顶板表面桁架锚索孔口间距为2.1m，孔帮间距1550mm，每排间隔3600mm。张拉高预紧力的时间节点：起初进行桁架初始施工锁紧，经过1h之后张拉至140kN。钻孔角度：锚索与顶板垂线的夹角为15°。桁架补打位置：在原始锚索布置的基础上，在锚索单根布置处增设桁架锚索结构，采用专用桁架连接器连接两根锚索并张拉预紧。

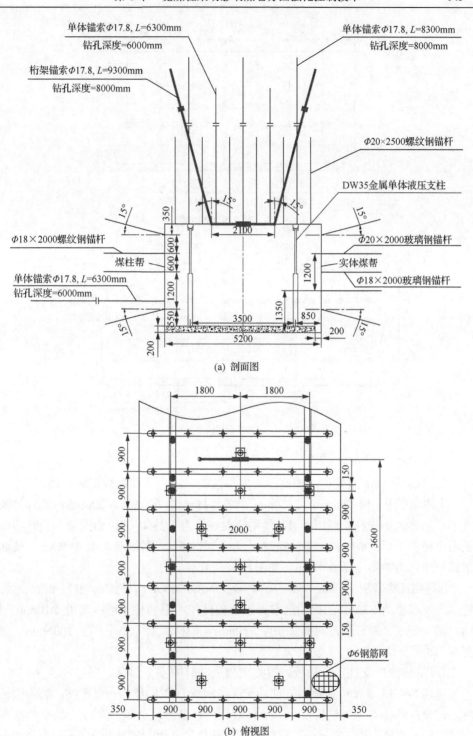

单体锚索Φ17.8, L=6300mm
钻孔深度=6000mm

桁架锚索Φ17.8, L=9300mm
钻孔深度=8000mm

单体锚索Φ17.8, L=8300mm
钻孔深度=8000mm

Φ20×2500螺纹钢锚杆

DW35金属单体液压支柱

Φ18×2000螺纹钢锚杆

煤柱帮

单体锚索Φ17.8, L=6300mm
钻孔深度=6000mm

Φ20×2000玻璃钢锚杆

实体煤帮

Φ18×2000玻璃钢锚杆

Φ6钢筋网

(a) 剖面图

(b) 俯视图

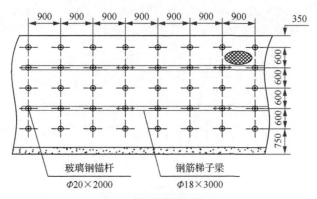

(c) 实体煤帮侧视图

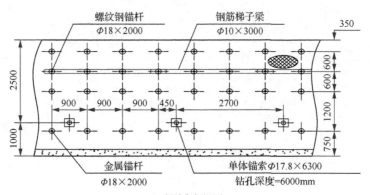

(d) 煤柱帮侧视图

图 6-3   采动影响煤巷 I 区加固支护方案(单位：mm)

(3)巷帮补强加固支护，提高围岩力学性能，阻止巷帮塑性破坏发展。

实体煤帮距顶板 950mm、2150mm 处各补打一根 $\Phi20mm\times2000mm$ 的满足强度要求的玻璃钢锚杆。锚固参数：使用一卷规格为 Z2360 的树脂药卷。辅助构件采用钢筋梯子梁：$\Phi18mm$ 圆钢焊制，长度 3000mm，两端头长度 150mm。玻璃钢锚杆预紧力矩不小于 60N·m，如图 6-3(c)所示。

煤柱帮距离顶板 950mm 处补打一根 $\Phi18mm\times2000mm$ 螺纹钢锚杆。锚固参数：使用一卷规格为 Z2360 的树脂药卷。辅助构件使用钢筋梯子梁：采用 $\Phi10mm$ 圆钢焊制，长度 3000mm，两端头长度 150mm。锚杆预紧力矩不小于 100N·m，如图 6-3(d)所示。

(4)单体液压支柱支护顶板，提高剧烈采动时的安全储备。

选用 DW35 金属单体液压支柱，配合圆木或Ⅱ型钢梁，一梁四柱，沿巷道长度方向分成两排对顶板进行支撑。单体液压支柱型号：选用 DW35 金属单体液压支柱，最大支撑高度 3500mm。单体液压支柱位置：距两侧巷帮 850mm 处分别布置两排单体液压支柱，确保巷道中部预留出 3.5m 宽，用于设备通行、运输、行人等。圆木规格：选择长度为 3000mm 圆木，直径 20cm，将其削平至直径 2/3，保证切面平整以便更好地接顶。Π 型钢梁规格：满足强度刚度要求的 Π 型钢梁，每根钢梁长度 3000mm。一梁四柱：在两侧距圆木或 Π 型钢梁端头 150mm 处分别布置一根单体液压支柱，中间均匀布置两根单体液压支柱，组成一梁四柱式结构。

6.1.3　补强支护效果

在煤巷 I 区进行补强支护施工后，为更好地对支护效果进行验证、评价及优化，根据工作面回采情况，进行测站与上区段工作面不同距离时的围岩表面变形，深部岩层离层观测。

1. 测站布置

图 6-4 为巷道围岩表面位移及顶底板离层测站布置图。由图可知，共安装三个测站，测站间距为 20m，其中，测站 1 距中央辅运大巷 300m。在每个测站进行两大项的现场试验，分别为围岩表面变形量监测记录和顶板浅部及深部离层观测。

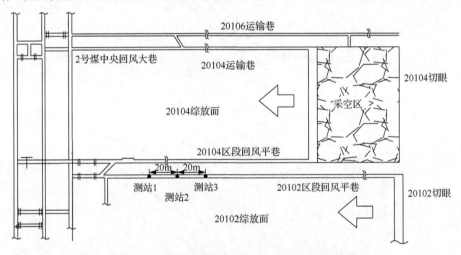

图 6-4　巷道围岩表面位移和顶板离层测站布置图

2. 围岩稳定性分析

1）围岩表面变形分析

当距上区段 20104 综放面前方 150m 时开始监测记录，直至综采面推过 100m 后停止观测。根据记录的围岩表面变形数据绘制曲线，如图 6-5 所示，具体分析各测站的数据曲线如下。

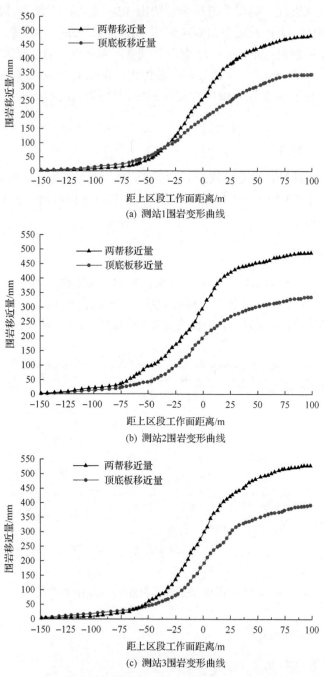

(a) 测站1围岩变形曲线

(b) 测站2围岩变形曲线

(c) 测站3围岩变形曲线

图 6-5　回风平巷 0～440m 试验段围岩变形曲线

距上区段工作面距离中的负值表示在综放面前方，正值表示在综放面后方

(1)当距 20104 综放面前方 125m 时，曲线才出现平缓增长，斜率小；距综放面前方 120m 到 75m 过程中，变化曲线平缓；距综放面前方小于 75m 范围到工作面后方 50m 范围，曲线呈指数递增；工作面后方大于 50m 的范围，围岩偏移量接近平衡，说明变形量基本停止。这说明上区段综放面采动扰动范围约为 125m，剧烈采动区域为–75～50m 的范围，基本与分区范围一致，这也验证了前节分区的合理性。

(2)从图中还可以发现，以上区段综放面与测站水平距离为 0m 为分界，综放面后方围岩偏移增量明显大于综放面前方，分析其原因主要是顶板"大结构"回转下沉挤压所致。

(3)测站 1 顶底板最大移近量 342mm，两帮最大移近量为 481mm；上区段综放面前方剧烈采动影响区(–75～0m)，顶底板日观测数据最大值为 19mm，两帮日观测数据最大值为 21mm。上区段综放面后方剧烈采动影响区(0～50m 范围)，顶底板日观测数据最大值为 17mm，两帮日观测数据最大值为 19mm。

(4)测站 2 顶底板最大移近量为 335mm，两帮最大移近量为 490mm；上区段综放面前方剧烈采动影响区，顶底板日观测数据最大值为 20mm，两帮日观测数据最大 27mm。上区段综放面后方剧烈采动影响区，顶底板日观测数据最大值为 15mm，两帮日观测数据最大值为 18mm。

(5)测站 3 顶底板最大移近量为 395mm，两帮最大移近量为 533mm；上区段综放面前方剧烈采动影响区，顶底板日观测数据最大值为 22mm，两帮日观测数据最大值为 25mm。上区段综放面后方剧烈采动影响区，顶底板日观测数据最大值为 23mm，两帮日观测数据最大值为 31mm。

综合上述分析可知，测站 3 断面变形量最大，由于事先考虑到采场动压作用，预留巷道变形量，所以监测变形值在可控范围内，能够满足工程需求。同时，现场也没有发生严重的矿压事故，个别区域有锚杆损毁，采取了及时补打。总体上讲，在剧烈采动影响过程中，以桁架锚索为核心的主动支护和支柱的被动支护下，20102 回风巷满足了使用要求。

2)顶板离层

观测上区段工作面采动期间发现，测站 1 的顶板离层量 2mm，测站 2 的离层量为 6mm，测站 3 的离层量为 4mm。离层量总体较小，离层现象不明显，由此可知补强支护下，围岩离层得到有效控制。

综合上述试验观测，煤巷 I 区顶板变形量在剧烈采动影响下处于可控状态，顶板未发生大漏冒现象，满足安全生产的要求，对比煤巷 II 区原有支护方案下发生大范围冒顶和局部矿压显现现象，说明基于补强强化支护机理，在原有基础上的支护实施的补强方案是科学有效的。

6.2　掘采联合动压作用区补强

6.2.1　动压作用区补强机理

采动影响煤巷Ⅱ区是正在经受采动的高应力梯度区。通过现场调研发现，该区常常受到邻近回采工作开采动压更迭扰动作用，冒高为 1～2m 的冒顶频发，严重区域发生恶性冒顶事故，冒高可达 3～5m，影响正常生产；部分地段顶板出现剧烈破碎，围岩变形严重，顶板最大下沉量可达 500～1000mm，支护系统已崩溃，不可恢复。这里以王家岭 20102 区段回风平巷为例，提出针对采动影响煤巷Ⅱ区的"多支护结构体协同补强系统"控制技术，如图 6-6 所示。

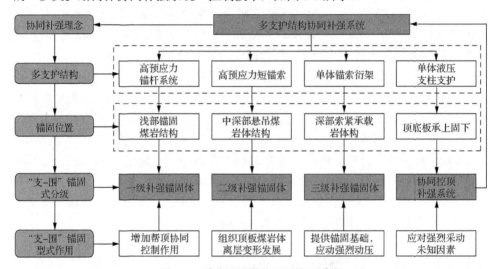

图 6-6　采动影响煤巷Ⅱ区补强系统

补强采动区损坏巷道的"多支护结构体"是指高预应力锚杆支护结构系统(一级基础结构体)、高预应力短锚索(二级强化结构体)、单体锚索+桁架锚索支护结构体(三级强化结构体)和单体液压支护(四级加强化结构体)。所谓"多支护结构协同补强系统"是指支护结构体分别锚固于围岩不同深度的煤岩结构体(浅部岩体、中深部岩体、深部岩体)共同作用分别形成一级补强锚固体、二级补强锚固体、三级补强锚固体，三种补强锚固体"各司其职"协同作用共同控制剧烈采动煤巷。

一级补强锚固体是指修复煤巷顶板的变形，使用高预应力锚杆系统锚固围岩塑性区，将围岩剧烈破碎区和塑性区在高预应力和强锚固力的作用下重建成具有承载性质的锚固体。该方法主要是通过重建锚固区内煤岩体的弹性模量 E、体积模量 G、黏聚力 C、内摩擦角 φ 和抗剪切强度 τ，使得帮顶具有协同控制作用，也能阻止塑性区的发展和顶板的离层。

二级补强锚固体是指为阻止采动影响或流变作用,使用高预应力短锚索(6m左右),将一级补强锚固体加固或悬吊在中深部岩体中,使浅部锚固区与中深部岩体建立互馈作用,使得围岩重建成一个完整的锚固承载体,该预应力短锚索进一步增加了煤巷承载体的整体承载性能。

三级补强锚固体是指为应对剧烈采动影响等,使用高预应力长单体锚索+高预应力桁架锚索(8m 及以上)将一级和二级补强锚固体索在块承载岩体上,三者根据剧烈采动影响程度,协同发挥效能。

需要指出的是,为应对采动引发的未知安全因素及提高顶板协同控制效应,使用单体液压支柱,在巷道中发挥承上固下作用,形成协同控顶补强系统,极大提高巷道稳定的安全储备。

结合上述研究和前人的研究成果不难发现,各补强锚固体具有不同的控制机能,从小到大使用的补强锚固体越多,巷道安全系数越高。生产中根据实际地质环境,考量经济和施工等因素,选取不同补强锚固体组合,既能满足安全施工要求,同时又经济划算。根据围岩性质和动压条件,巷道控制与补强锚固体关系如图 6-7 所示。

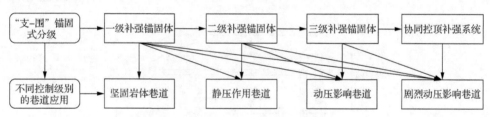

图 6-7　巷道控制与补强锚固体关系

6.2.2　动压作用区支护方案

20102 区段回风平巷Ⅱ区(440~550m 范围)属于剧烈动压影响巷道,该巷道应采用一级、二级、三级补强锚固体和协同控顶补强系统来支护,如图 6-8 所示。

(1)一级补强锚固体支护设计参数。顶板采用 $\Phi20mm\times2500mm$ 的螺纹钢锚杆,间排距 900mm×900mm,两端距帮角 350mm。

实体煤帮原来支护方案锚杆采用 $\Phi18mm\times2000mm$ 玻璃钢锚杆,间排距1200mm×900mm,帮顶锚杆距顶板 350mm,倾角 15°,帮底锚杆距顶板 750mm,倾角 15°,在此基础上实体煤帮距顶板 950mm、2150mm 处各补打一根$\Phi20mm\times2000mm$ 的满足强度要求的玻璃钢锚杆。锚固参数:使用一卷型号为Z2360 的树脂药卷。辅助构件采用钢筋梯子梁:$\Phi10mm$ 圆钢焊制,长度 3000mm,两端头长度 150mm。玻璃钢锚杆预紧力矩不小于 60N·m。

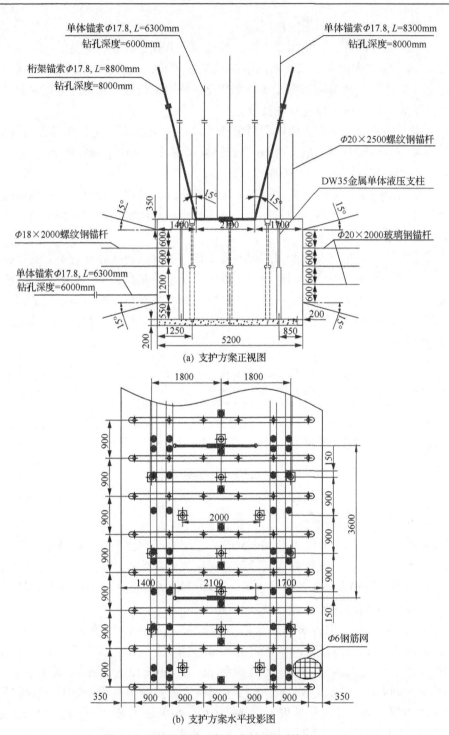

(a) 支护方案正视图

(b) 支护方案水平投影图

图 6-8　剧烈煤巷 Ⅱ 区修复支护设计（单位：mm）

煤柱帮原来支护方案锚杆采用 Φ18mm×2000mm 螺纹钢锚杆，其余参数同实体煤帮原有设计方案。在此基础上煤柱距离顶板950mm处补打一根 Φ18mm×2000mm 螺纹钢锚杆。锚固参数：使用一卷型号为 Z2360 的树脂药卷。辅助构件使用钢筋梯子梁：采用 Φ10mm 圆钢焊制，长度3000mm，两端头长度150mm。锚杆预紧力矩不小于100N·m。

(2)二级补强锚固体支护设计参数。顶板采用 Φ17.8mm×6300mm 的短锚索，布置方式如图 6-8(a)所示。煤柱帮断面补打一根 Φ17.8mm×6300mm 的短锚索，排距2700mm。

(3)三级补强锚固体支护设计参数。顶板采用 Φ17.8mm×8300mm 长单体锚索和 Φ17.8mm×8800mm 桁架锚索，其余布置参数如图 6-8(b)所示。

(4)协同控顶补强设计。巷道两侧四排单体液压支柱支护选用 DW35 金属单体液压支柱，配合圆木或Π型钢梁，一梁四柱，对顶板进行支撑。中部一排单体液压支柱支护选用 DW35 金属单体液压支柱，配合柱帽，对顶板进行点支撑，如图 6-9 所示。其中单体液压支柱型号：DW35 金属单体液压支柱，最大支撑高度3500mm。单体柱布置：在距两侧巷帮850mm、1250mm处及巷道中心处分别布置一排单体液压支柱。圆木规格：选择长度3000mm的圆木，直径为20cm，将其削平至直径2/3，保证切面平整以便更好地接顶。Π型钢梁规格：满足强度刚度要求的Π型钢梁，长度为3000mm。

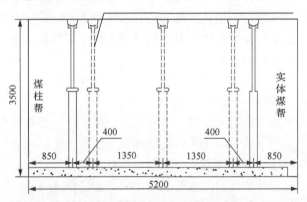

图 6-9　DW35 金属单体液压支柱布置图(单位：mm)

(5)易发冒顶区支护。应首先在冒落洞穴侧壁和顶部施工形成完善的锚杆索网支护系统，在冒落洞穴侧壁和顶部的锚杆索网支护工作完成后，需及时在沿巷道横截面方向架设由π型钢梁(或工字钢)+两侧各两根单体液压支柱组成的抬棚(抬棚排距为0.45m)，利用原有有效单体锚索以及巷道原有顶板下部边缘处槽钢联合组成锚索梁支护结构。在施工时需保障维护支护的稳定性和安全性并注意各工序配合。对易发冒顶区周边邻近区域做好有效支护工作。

6.2.3　工业试验评价

在采动影响煤巷Ⅱ区设置了测站1(455m处)和测站2(530m处)，进行常规巷道表面位移观测。在上区段采空区覆岩运动至稳定期间的残余动压下，测站1处顶底板下沉量约138mm，两帮最大相对移近量约109mm。测站2处顶底板下沉量约122mm，两帮最大相对移近量约117mm。直到该回风平巷掘进完毕，围岩变形最大值几乎保持不变。

采动影响煤巷Ⅱ区补强后工作面回采期间观测结果表明，在采取高预应力锚杆系统、短锚索、长单体桁架锚索锚索和单体液压支架等多支护结构体系统协同作用下，保证了煤巷顶板岩层的稳定。

6.3　采后静压作用区支护控制

6.3.1　支护方案

采后静压作用区段煤体已经历过邻近工作面回采影响，采空区侧向覆岩结构基本稳定，后来的巷道开掘会再次引起覆岩结构的扰动，但幅度相对煤巷Ⅰ区较小，故可将该区段视为静压作用巷道。依据上述煤巷现场试验和理论研究成果，相对松软的煤巷顶板具有离层错动效应，该类巷道科学的控制需具有高预紧力的双向控制作用，现研究的桁架锚索结构具有高预紧力和双向控制效果。为保证该区巷道围岩的稳定性，在原有设计方案的基础上提出了以新型桁架锚索结构为核心的联合支护方案，如图6-10所示。

6.3.2　效果分析

煤巷Ⅲ区掘出之前，上区段采空区活动已经停止，但势必经历本工作面的回采动压影响。在使用以锚索桁架为核心的强化支护方案后，顶板拉应力区在锚杆锚固范围内可控。煤柱帮锚杆锚固端安装在高应力位置，锚固基础好，两帮围岩低应力区很小，说明补强支护方案对该区域的支护是合理的。

在煤巷Ⅲ区联合支护方案下煤柱塑性区范围比实体煤帮塑性区范围大，但是煤柱塑性区范围小于锚固长度，即在锚杆控制范围内。对比发现，顶板塑性区高度基本不变，维持在2.5m。总体上讲，使用该支护方案后，塑性破坏区扩展很小，均在锚杆索控制范围内，说明控制方案合理。

针对采后静压作用区提出的支护控制方案，经后期矿方使用效果反映，巷道掘进期和为下工作面服务期间，未发生大范围漏冒落，巷道变形量较煤巷Ⅰ区(回采动压影响区)小，较好地满足了现场工作，验证了高预应力"桁架锚索+单体锚索+锚杆"的联合支护方案对该区段巷道双向控制的科学合理性。

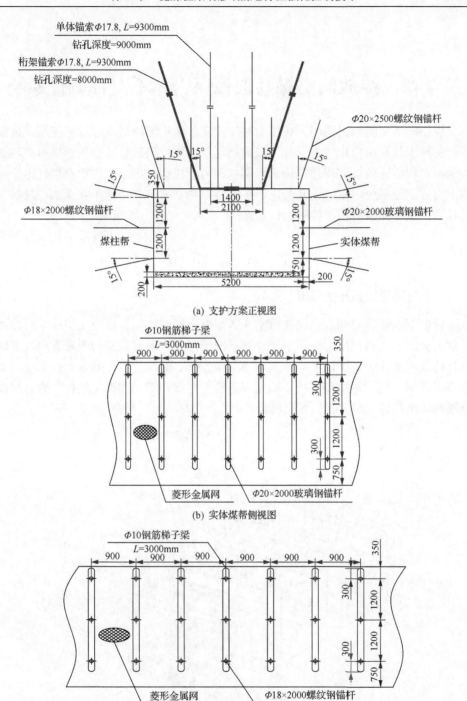

(a) 支护方案正视图

(b) 实体煤帮侧视图

(c) 煤柱帮侧视图

图 6-10　煤巷Ⅲ区联合支护方案(单位：mm)

第7章 综放沿空煤巷顶板煤岩体不对称调控系统

现场矿压观测结果表明，传统的对称式支护结构无法适应综放沿空巷道顶板不对称矿压显现而出现支护结构损毁失效现象。本章通过总结分析综放沿空巷道顶板不对称破坏的机制和建立锚索桁架结构力学模型，提出了综放窄煤柱沿空煤巷不对称调控系统，阐述了其构成、系统特点和功能，并构建了强采动综放沿空煤巷顶板煤岩体锚索桁架控制指标体系。

7.1 系统简介

7.1.1 不对称调控系统的提出

针对王家岭煤矿综放窄煤柱沿空巷道顶板不对称破坏特征及支护技术的发展需要，提出采用高预应力锚索桁架控制系统进行巷道围岩控制的改进方向，并结合具体地质条件研发了以不对称式锚梁结构为核心的综放沿空巷道调控系统，如图 7-1 所示，包括螺纹钢锚杆、高预应力锚索桁架和不对称锚梁结构，同时配以金属网、钢筋梯子梁、托板等附属构件。

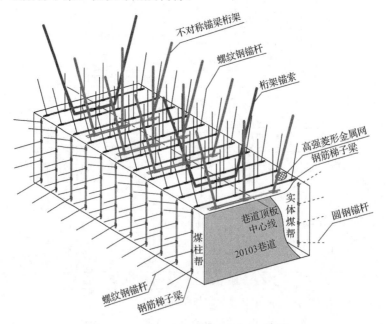

图 7-1 综放沿空巷道顶板不对称调控系统

7.1.2　不对称调控系统的组成

因锚索结构具有预紧力大、承载能力高、安装简便等优点已经成为我国煤矿巷道的主要支护形式[1]。在工程实践中，锚索多与 W 钢带或槽钢配合使用作为煤矿巷道的加强支护方式，提高围岩稳定性。但在窄煤柱沿空掘巷开采实践中，即便在相邻采空区覆岩运动稳定后掘进巷道，巷道顶板岩层仍会存在相当程度的水平运动。部分沿空巷道在上区段工作面采空区覆岩运动尚未完全结束时便开始掘进，甚至出现迎采面掘进的现象，这均使顶板岩层水平运动更加剧烈。由于沿空巷道围岩性质结构和应力分布等沿巷道中心轴呈明显的不对称性，巷道顶板岩层会发生垂直方向和水平方向的不对称破坏，传统的锚索+W 钢带组合结构会因顶板水平运动出现 W 钢带向下严重弯曲失效，锚索+槽钢组合结构亦会因顶板水平挤压运动出现槽钢沿走向撕裂现象，W 钢带和槽钢失效后极大削弱了锚索对顶板的支护作用，还会影响锚索本身支护效果，使锚索支护质量大幅降低。

针对锚索+W 钢带结构的挤压失效问题，研发了以高强度钢筋梯子梁和 16#槽钢托梁为连接构件的新型锚梁桁架支护结构，其由高强度锚索、钢筋梯子梁和16#槽钢托梁，配以托板、厚垫片等附属构件构成，锚索间先以高强度钢筋梯子梁连接，同时靠煤柱帮侧锚索采用 16#槽钢进行二次连接，如图 7-2 所示。

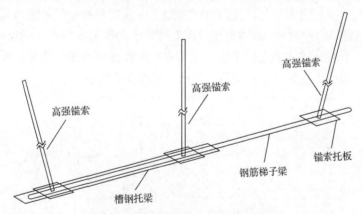

高强锚索　　高强锚索　　高强锚索　　锚索托板　　钢筋梯子梁　　槽钢托梁

图 7-2　不对称锚梁支护结构示意图

7.1.3　不对称调控系统的特点及功能

不对称调控系统的特点如下。

(1)不对称布置。

如图 7-2 所示，该锚梁桁架支护系统由钢筋梯子梁、16#槽钢托梁和多根与其连接并固定到顶板深部的单体锚索构成，两侧锚索分别向外倾斜一定角度，中间锚索垂直顶板设置。在支护过程中，整个支护结构偏向煤柱侧安装，使得靠煤柱侧顶板锚索支护密度大于实体煤侧顶板支护密度，从而对薄弱的煤柱侧顶板进行加强支护，实现顶板围岩的不对称控制。此外，锚索的锚固点位于顶板深部不易破坏的三向受压岩体内，不易受巷道直接顶离层和变形的影响，为发挥高锚固力提供了可靠稳固的承载基础。

(2) 适度让压。

钢筋梯子梁由高强度的长钢筋经弯曲、高质量焊接制成，并在相邻锚索安装孔中间位置采用薄钢板进行冲压包裹以减小钢筋梯子梁的跨度，增加结构稳定性。上述设计充分利用了梯子梁结构刚度大的特点，可有效避免采用 W 钢带连接时出现的压弯失效问题，该结构的使用显著提高了锚索支护对岩层水平运动的适应能力与抗损毁能力。

考虑到靠煤柱侧顶板围岩较为破碎，所产生的碎胀压力较大，故在采用钢筋梯子梁连接的基础上，对靠煤柱侧的锚索采用 16#槽钢二次连接，以提高对煤柱帮侧顶板的支护强度。同时考虑到顶板岩层水平运动较明显，增大槽钢向内侧开孔尺寸长度，为岩层水平运动预留定量空间，避免锚索与连接结构接触产生较强的应力集中造成弯曲或撕裂，保证锚索桁架支护质量。该连接构件集成了控制顶板下沉与适应岩层水平移动功能。

(3) 制作简单，施工方便。

对比以往锚索施工工艺，仅需要提前加工完成钢筋梯子梁和槽钢托梁构件，且其加工方便、制作简单、成本低廉。施工过程中，槽钢-钢筋梯子梁结构质量小，便于施工。不对称式锚梁支护系统功能与原理主要体现在承压降载、减垮抗拉、不对称控制和适应顶板水平运动四个方面，如图 7-3 所示。

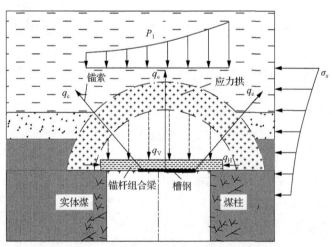

图 7-3　不对称式锚梁结构支护原理图

P_1 为垂直方向不均衡支承压力；σ_x 为水平方向上回转变形压力；q_c 为每根锚索预紧力；
q_V 为锚杆组合梁沿垂直方向载荷；q_H 为锚杆组合梁沿水平方向载荷

不对称调控系统的功能如下。

(1) 承压降载。

在对锚索施加高预紧力后,高强锚索与其底部的连接结构(钢筋梯子梁、槽钢托梁)和内部围岩相互作用形成了一个锚固点位于深部稳定岩体内的拱形承载结构[2]。该承载结构可使围岩处于三向受压状态,从而提高围岩自承能力和顶板围岩稳定性,且该拱形承载结构还可有效减弱垂直方向不均衡支承压力和水平方向上回转变形压力向浅部岩层传递,减少顶板应力分布的不均衡性,限制顶板不对称变形[3]。

(2) 减垮抗拉。

锚索支护具有锚固范围大、承载能力强的特点,其可将浅部锚杆组合梁锚固于深部稳定岩层,既能提高锚杆组合梁结构自身的强度和刚度,还能减少锚杆组合梁沿垂直方向和水平方向的载荷。

(3) 不对称控制。

锚索整体偏于靠煤柱帮侧顶板设置,且靠煤柱侧斜拉锚索穿过顶角处剪应力集中区,底部选用刚度和强度较高的槽钢梁作为连接构件以增大托板和围岩的接触面积,避免预应力损失。这一设计可对靠煤柱侧顶板(尤其是顶角部位煤岩体)强化支护,提高该范围内顶板围岩承载能力和抵抗变形破坏的能力。此外,巷道中部垂直锚索向煤柱帮偏移一定距离,可对顶板岩梁最大弯矩位置进行重点支护。图 7-4 为不同支护形式下顶板破坏形态。

 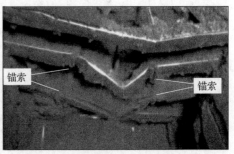

(a) 锚杆支护时顶板破坏形态　　　　　　(b) 锚杆索支护时顶板破坏形态

图 7-4　不同支护形式下顶板破坏形态对比

(4) 适应顶板水平运动。

锚索可提供更高的预紧力,从而大大增强了顶板层面间的法向应力 σ_n,进而提高了相邻岩层间的抗剪切能力,有效地限制了顶板岩层间的水平错动、滑移变形;对比 W 钢带,钢筋梯子梁可随着顶板岩层水平运动而出现适量挤压但仍具有较强护表功能,且狭长槽钢梁孔设置亦可保证支护结构水平让压效果。

7.2　综放窄煤柱沿空煤巷顶板-不对称调控系统耦合机制

7.2.1　不对称调控系统的相关理论

1. 中性轴下移理论

巷道开挖好并采用巷道锚杆(索)支护后，锚固区内煤岩层不离层，锚固区内煤岩层作为一个整体运动从而形成一个组合梁，由于锚固区内围岩的下部有锚索桁架的水平预应力作用，从而使锚固区内的中性轴位置发生改变。

由于锚固区岩梁是对称的，且其为向下的平面弯曲，取锚固岩梁一半进行分析，建立如图 7-5 所示坐标系，锚固岩梁的中性轴应力为

$$\sigma = \frac{M_z y}{I_z} - \zeta \sigma_{\mathrm{my}} = 0 \tag{7-1}$$

式中，I_z 为锚固区内岩层的惯性矩；σ_{my} 为组合梁下端锚索的拉应力；M_z 为锚固区岩梁弯矩；ζ 为锚索拉应力对锚固区岩梁的影响因子，$0 < \zeta \leqslant 1$。

由于锚固区岩梁的弯曲是平面弯曲，于是有：

$$z = \frac{\zeta \sigma_{\mathrm{my}} I_z}{M_z} \tag{7-2}$$

由式(7-2)可知，采用锚索桁架支护后，锚固区围岩的中性轴并不像普通锚杆(索)那样对称，而是下移 $\dfrac{\zeta \sigma_{\mathrm{my}} I_z}{M_z}$，从而使锚固区内大部分围岩处于压应力状态，少部分处于中性轴以下，围岩处于拉应力状态，有效地保证了锚固区内围岩的稳定性。

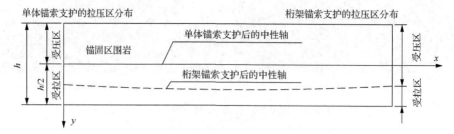

图 7-5　中性轴计算示意图

h 为锚固区岩梁厚度

2. 非对称支护结构力学模型

巷道采用不对称布置的锚梁桁架支护，并施加高预应力后，可做如下假设：①钢筋梯子梁刚度较小，将其视为柔性的；②槽钢梁的刚度较大，将其对顶板的

支护力视为平均分布的；③忽略锚固体质量对结构体的影响。锚梁桁架不对称支护机理力学分析如图 7-6 所示。

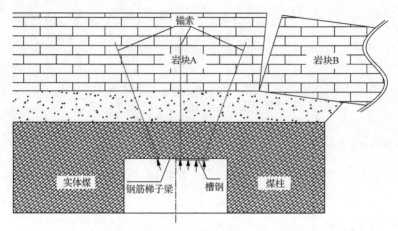

图 7-6　锚梁桁架不对称支护机理力学分析图

根据锚梁桁架不对称支护机理力学分析图，建立锚梁桁架不对称支护力学模型，如图 7-7 所示。

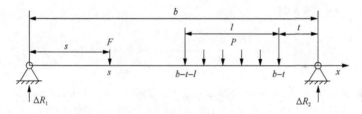

图 7-7　锚梁桁架不对称支护力学模型

ΔR_1 为采用锚梁桁架支护后实体煤帮支撑力减小量，kN；ΔR_2 为采用锚梁桁架支护后煤柱帮支撑力减小量，kN；F 为索预应力，kN；P 为槽钢梁对顶板的支护强度，KN/m；s 为实体煤帮侧锚索坐标，m；l 为槽钢梁长度，m；t 为槽钢梁与煤柱帮间距，m；b 为巷道宽度，m

根据图 7-7 锚梁桁架不对称支护力学模型，可列平衡方程：

$$\Delta R_1 + \Delta R_2 - Pl - F = 0 \tag{7-3}$$

对 O 点取矩，可列弯矩平衡方程：

$$Fs + Pl\left(b - t - l/2\right) - \Delta R_2 b = 0 \tag{7-4}$$

式中，$P = 2F/l$。

联立式(7-3)和式(7-4)可得

$$\Delta R_1 = \frac{F\left(b - s + 2t + l\right)}{b} \tag{7-5}$$

$$\Delta R_2 = \frac{F(s+2b-2t-l)}{b} \tag{7-6}$$

采用"多锚索-钢筋组合圈梁-槽钢"非对称支护后，巷道顶板弯矩减小量计算如下。

(1)当 $0 \leqslant x \leqslant s$ 时

$$\Delta M(x)_1 = -\frac{F(b-s+2t+l)}{b}x \tag{7-7}$$

(2)当 $s \leqslant x \leqslant b-t-l$ 时

$$\Delta M(x)_2 = -\frac{F(b-s+2t+l)}{b}x + F(x-s) \tag{7-8}$$

(3)当 $s \leqslant x \leqslant b-t-l$ 时

$$\Delta M(x)_3 = -\frac{F(b-s+2t+l)}{b}x + F(x-s) + \frac{F(x+t+l-b)^2}{l} \tag{7-9}$$

(4)当 $b-t \leqslant x \leqslant b$ 时

$$\Delta M(x)_4 = -\frac{F(b-s+2t+l)}{b}x + F(3x+2t+l-s-2b) \tag{7-10}$$

根据王家岭矿相关地质生产参数，取 $F=250\text{kN}$；$s=1.6\text{m}$；$l=2.2\text{m}$；$b=5.6\text{m}$；$t=0.5\text{m}$，分别代入式(7-7)～式(7-10)，可画出 20103 运输巷采用"多锚索-钢筋组合圈梁-槽钢"不对称支护后的顶板弯矩减小量分布如图 7-8 所示。

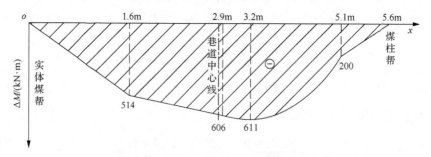

图 7-8　"多锚索-钢筋组合圈梁-槽钢"不对称支护顶板弯矩图

从图 7-8 可以看出，采用"多锚索-钢筋组合圈梁-槽钢"不对称支护后顶板弯矩减小最大区域为 $x=3.2\text{m}$(距煤柱帮 2.4m)附近区域，与未支护条件下顶板弯矩最大区域基本吻合，也是槽钢梁支护区域，且槽钢上开长条孔，即使巷道顶板发生水平移动也不影响槽钢梁支护区域顶板的垂直受力，有效控制了巷道顶板的不对称下沉和水平移动问题。

为分析"多锚索-钢筋组合圈梁-槽钢"非对称支护效果的优越性，假设 20103 运输巷顶板支护不采用槽钢梁(钢筋梯子梁视为柔性)，且锚索呈对称布置，此时巷道顶板受力分析如图 7-9 所示。

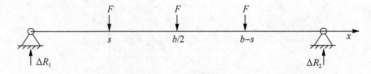

图 7-9　"锚索-钢筋组合圈梁"对称支护力学分析图

根据图 7-9"锚索-钢筋组合圈梁"对称支护力学模型，可列平衡方程：

$$\Delta R_1 + \Delta R_2 - 3F = 0 \tag{7-11}$$

对 o 点取矩，可列弯矩平衡方程：

$$\Delta R_2 b - \frac{3Fb}{2} = 0 \tag{7-12}$$

联立式(7-11)和式(7-12)可得

$$\Delta R_1 = \Delta R_2 = \frac{3F}{2} \tag{7-13}$$

采用"锚索-钢筋组合圈梁"对称支护后，巷道顶板弯矩减小量计算如下：

(1)当 $0 \leqslant x \leqslant s$ 时

$$\Delta M(x)_1 = -\frac{3F}{2}x \tag{7-14}$$

(2)当 $s \leqslant x \leqslant b/2$ 时

$$\Delta M(x)_2 = -F\left(\frac{x}{2} + s\right) \tag{7-15}$$

(3)当 $b/2 \leqslant x \leqslant b-s$ 时

$$\Delta M(x)_3 = F\left(\frac{x}{2} - s - \frac{b}{2}\right) \tag{7-16}$$

(4)当 $b-s \leqslant x \leqslant b$ 时

$$\Delta M(x)_4 = -\frac{3F(x+b)}{2} \tag{7-17}$$

根据王家岭矿 20103 运输巷相关参数，取 $F = 250\text{kN}$，$b = 5.6\text{m}$，$s = 1.2\text{m}$，分别代入式(7-14)~式(7-17)，运输巷采用"锚索-钢筋组合圈梁"对称支护后的顶板弯矩减小量分布如图 7-10 所示。

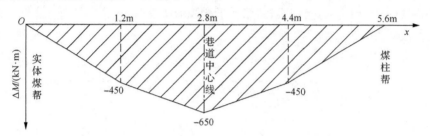

图 7-10　"锚索-钢筋组合圈梁"对称支护顶板弯矩图

从图 7-10 可以看出，采用"锚索-钢筋组合圈梁"对称支护后，顶板弯矩减小量最大位于巷道中心线位置，并不是未支护条件下顶板的最大弯矩处，导致支护后最大弯矩位置得不到有效控制，支护不能充分发挥有效作用，且顶板的水平运动会降低支护的质量。而采用"多锚索-钢筋组合圈梁-槽钢"非对称支护不仅使最大弯矩减小量位置与未支护条件最大弯矩位置吻合，充分发挥支护作用，而且支护质量受顶板水平运动影响较小。

7.2.2　不对称调控系统支护参数优化模拟

1. 模型建立

模拟王家岭煤矿 20103 区段运输平巷，断面 5.6m×3.55m，煤层平均厚度为6.21m。巷道左侧为实体煤，右侧为 8m 窄煤柱及 20105 工作面采空区。其计算模型尺寸为 450m×200m×50m，本构关系采用莫尔-库仑模型。

该模型主要模拟研究预应力锚梁桁架联合控制技术在窄煤柱护巷条件下的控制效果，并进一步优化支护参数。巷道设计支护方案的数值模拟主要包括边界条件模拟、原岩应力平衡的模拟和不同支护参数的模拟等。

2. 方案设计

锚梁桁架在顶板支护系统中起主要作用，锚梁桁架的参数选择对顶板的支护效果起到关键的作用，因此锚梁桁架系统的参数是本次试验的主要因素。考虑到锚梁桁架的直径、单体锚索参数、锚杆参数可以根据工程类比法确定，结合此次试验目的，以及各因素在锚梁桁架联合支护系统中的重要性，确定在该试验中，所考虑的控制围岩的主要因素有：锚索桁架角度、锚索长度、锚梁桁架跨度、锚梁桁架偏心距。

锚梁桁架联合支护主要参数数值模拟包括锚索桁架角度、锚索长度、锚梁桁架跨度以及锚梁桁架偏心距数值模拟。根据确定的模拟方案的关键因素，得出锚梁桁架联合支护主要参数数值模拟优化方案如表 7-1 所示。通过对模型支护方案在支护参数与围岩变形特征、塑性区发育特征、应力分布特征及围岩应力状态的相互作用关系等，研究预应力锚梁桁架各参数与支护作用效果的关系，并确定研究条件下的合理支护参数。

表 7-1　锚梁桁架联合支护主要参数数值模拟方案

模拟方案（一）	锚索桁架角度/(°)	模拟方案（二）	偏心距/mm	模拟方案（三）	锚梁桁架长度/m	模拟方案（四）	锚梁桁架跨距/m
1-1	55	2-1	200	3-1	6	4-1	1.2
1-2	65	2-2	300	3-2	7	4-2	1.4
1-3	75	2-3	400	3-3	8	4-3	1.6
1-4	85	2-4	500	3-4	9	4-4	1.8

采用工程类比法，结合煤矿顶板支护实际情况，合理的锚索桁架支护角度区间为[45°，90°]，合理的偏心距区间为[200mm，300mm]，合理的锚梁桁架长度区间为[6m，8m]，合理的锚梁桁架跨度为[1m，2m]。

3. 结果分析

1) 巷道围岩变形特征与锚索角度的关系

在不同角度的锚索桁架支护下，巷道周边变形形态基本相似，而变形量数值不同，且顶、底、帮各结构部位变形量的相对关系与锚索角度有着密切联系，锚索角度为55°、65°、75°、85°时围岩变形分别如图 7-11～图 7-14 所示。锚索桁架角度为不同值时，围岩变形值不同。选用不同的锚索角度时巷道围岩变形值如表 7-2 和图 7-15 所示。

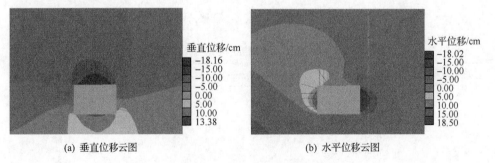

(a) 垂直位移云图　　　　　　　　(b) 水平位移云图

图 7-11　方案 1-1 位移云图

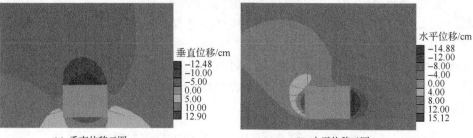

(a) 垂直位移云图　　　　　　　　　　　(b) 水平位移云图

图 7-12　方案 1-2 位移云图

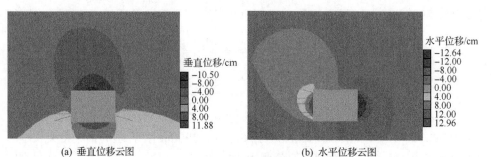

(a) 垂直位移云图　　　　　　　　　　　(b) 水平位移云图

图 7-13　方案 1-3 位移云图

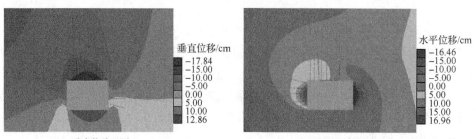

(a) 垂直位移云图　　　　　　　　　　　(b) 水平位移云图

图 7-14　方案 1-4 位移云图

表 7-2　不同锚索角度时巷道围岩收敛值

角度/(°)	顶板收敛值/mm	实体煤帮收敛值/mm	煤柱帮收敛值/mm	底板收敛值/mm
55	181.6	180.2	185.0	133.8
65	124.8	148.8	151.2	129.0
75	105.0	126.4	129.6	118.8
85	178.4	164.6	169.6	128.6

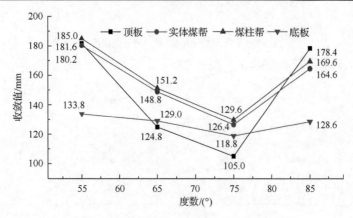

图 7-15　锚索桁架角度与围岩收敛值的关系

从计算结果和图 7-15 看出，当锚索角度由 55°增加到 75°时，顶板下沉量减少，而由 75°增加到 85°时，顶板下沉量、实体煤帮和煤柱帮移近量都有增大趋势，底臌量变化较小。由此可见，锚索桁架中锚索角度对底板变形影响较小，而对顶板和两帮的变形影响较大，锚索角度为 75°时顶板下沉量小，说明在锚索桁架体系中，安装角存在最优值，锚索角度过大或过小均不利于充分发挥其控制顶板变形的能力。

2) 巷道围岩塑性破坏深度发育形态与锚索角度的关系

在锚索角度分别为 55°、65°、75°、85°时，巷道围岩塑性破坏区深度如表 7-3 和图 7-16 所示，巷道围岩塑性破坏深度发育形态如图 7-17 所示。

表 7-3　不同的锚索角度时巷道围岩塑性破坏深度

角度/(°)	顶板破坏深度/m	实体煤帮破坏深度/m	煤柱帮破坏深度/m	底板破坏深度/m
55	3.1	2.3	3.0	1.9
65	2.9	2.2	2.4	1.8
75	2.6	1.9	2.2	1.6
85	2.8	2.7	2.6	2.0

从表 7-3 计算结果和图 7-16 可以看出，当锚索桁架角度不同时，巷道围岩各部位的塑性破坏区发育形态是一致的，即顶板最大，其次两帮，底板最小。顶板的破坏深度图变化幅度较大，锚索桁架角度不同对顶板的塑性破坏区影响较大，锚索桁架支护能较好地控制顶板的塑性破坏区的发育。当锚索桁架角度由 55°增加到 75°时，顶板塑性破坏区明显减小。顶板塑性区在锚索桁架角度为 75°时最小。在锚索角度从 75°开始增大后，顶板塑性区又有发展增大的趋势。当锚索角度为 75°，锚索桁架对两帮塑性区的控制效果最好。因此，锚索桁架角度为 75°时相对其他角度能更好地控制巷道围岩塑性破坏深度发育。

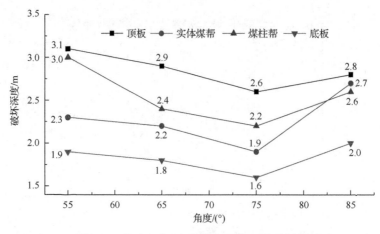

图 7-16　锚索角度与围岩塑性破坏深度的关系

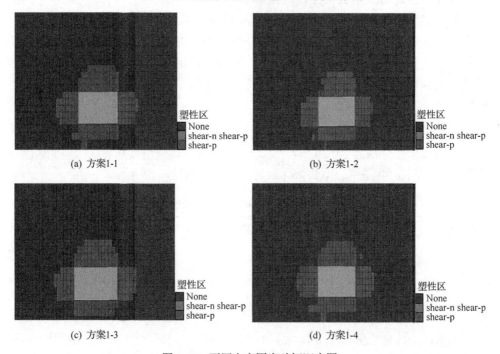

图 7-17　不同方案围岩破坏深度图

3)巷道围岩变形特征与锚梁桁架偏心距的关系

　　20103 运输平巷采用窄煤柱护巷,导致巷道围岩在受强采动过程中其应力场、位移场呈非对称分布,故支护系统的主要部分锚梁桁架应采用偏心布置,而锚梁桁架偏离巷道中心线的距离不同,围岩的变形也不同。本节对锚梁桁架偏心距进行了数值模拟,力求最佳的支护参数,共建立四个模型,分别模拟了锚索桁架偏心距为 200mm、300mm、400mm、500mm 时围岩五个测点的收敛量变化,五个测点分别编号分别为 1、2、3、4 和 5,点 1、点 2、点 3 位于同一层位,即 20103 巷道顶板上方 0.3m 处,点 2 位于巷道中轴线上,点 1、点 3 位置关于点 2 对称,与点 2 水平距离均为 1.5m。点 4 位于实体煤柱帮腰线位置,深度为 0.3m。点 5 位于煤柱侧帮腰线位置,深度为 0.3m。锚梁桁架偏心距不同时巷道围岩变形量如表 7-4 和图 7-18 所示。

表 7-4　锚梁桁架偏心距不同时巷道围岩收敛量

偏心距/mm	点 1 收敛值/mm	点 2 收敛值/mm	点 3 收敛值/mm	点 4 收敛值/mm	点 5 收敛值/mm
200	129.0	105	98	122	149
300	112.6	107	103	126.4	140
400	90.4	112	105	131	127.3
500	118.3	131.2	121	147	139

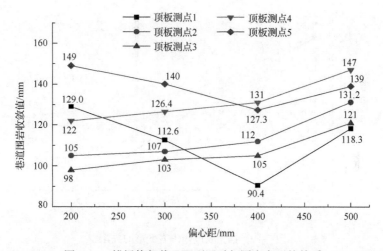

图 7-18　锚梁桁架偏心距不同时与围岩变形的关系

由表 7-4 和图 7-18 可知,当锚索桁架偏心距为 200~400mm 时,巷道围岩测点变化趋势各不相同,顶板测点 1 下沉量呈下降的趋势,下沉量减少 29.9%;顶板测点 2、测点 3 下沉量呈缓慢上升的趋势;实体煤帮测点 4 移近量直线近缓慢上升;煤柱帮测点 5 移近量明显减少,移近量减少 14.6%。当锚索桁架偏心距为 400~500mm 时,巷道测点 1、测点 2、测点 3、测点 4 和测点 5 围岩变形量呈较快速度上升的趋势。由此可见,锚索桁架偏心距为 400mm 时,锚索桁架能较好地控制两帮和顶板变形破坏。

4) 巷道围岩变形特征与锚索长度的关系

锚梁桁架对顶板的支护主要是在顶板中产生压应力，因此锚梁桁架长度不同，在顶板中产生的压应力范围也不同，从而围岩的变形也不同。本节共建立四个计算模型，分别是锚梁桁架伸入顶板岩层内的长度为 6m、7m、8m、9m。在锚索长度为 6m、7m、8m、9m 时围岩变形量如表 7-5 和图 7-19 所示，巷道围岩变形特征分别如图 7-20～图 7-23 所示。

表 7-5　不同锚索长度时巷道围岩收敛量

长度/m	顶板收敛值/mm	实体煤帮收敛值/mm	煤柱帮收敛值/mm	底板收敛值/mm
6	176.4	160.6	178.8	130.8
7	138.4	136.8	144.6	122.2
8	90.4	113.6	127.6	116.4
9	88	111.4	119.2	110.4

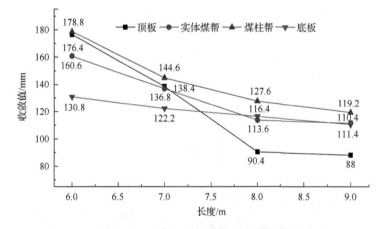

图 7-19　锚索长度与围岩变形的关系

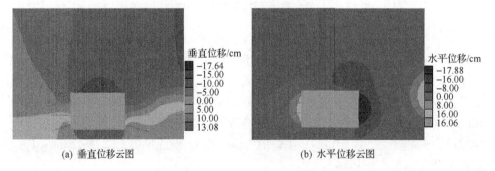

(a) 垂直位移云图　　　　(b) 水平位移云图

图 7-20　方案 3-1 位移云图

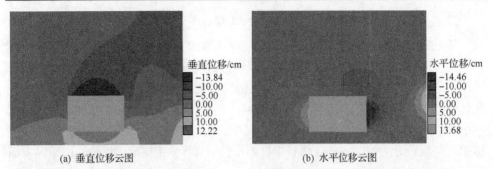

(a) 垂直位移云图　　　　　　　　　　(b) 水平位移云图

图 7-21　方案 3-2 位移云图

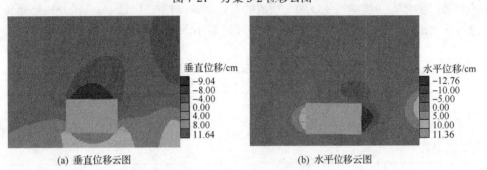

(a) 垂直位移云图　　　　　　　　　　(b) 水平位移云图

图 7-22　方案 3-3 位移云图

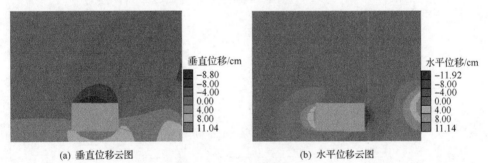

(a) 垂直位移云图　　　　　　　　　　(b) 水平位移云图

图 7-23　方案 3-4 位移云图

　　通过对比两帮变形量和顶板下沉量，由图 7-19 以看出，锚索长度为 6m 和 7m 时，顶板下沉量、实体煤帮和煤柱帮移近量均较锚索长度为 8m 和 9m 时大，且锚索长度为 8m、9m 时，两帮变形量和顶板下沉量基本相似。锚索长度为 6m 时，两帮移近量增长幅度和顶板下沉量增长幅度最大，这主要是因为在锚索长度为 6m 时，锚索在两帮的水平投影较小，巷道两帮浅部的煤体受力增大，从而造成两帮和顶板的变形量增大。不同锚索长度时，巷道底臌量基本相同，由此可见锚索长度对底臌量的影响较小。锚索长度为 8m 时，锚梁桁架能较好地控制巷道围岩变形量。

5) 巷道围岩塑性破坏区深度发育形态与锚索长度的关系

不同距离时对应的巷道各部分塑性破坏区深度图如表 7-6 和图 7-24 所示，在锚索长度为 6m、7m、8m、9m 时巷道围岩塑性破坏区深度发育形态如图 7-25 所示。

从表 7-6 和图 7-24 可以看出，当锚索长度从 6m 增至 8m 时，巷道中顶板、实体煤帮和煤柱帮的塑性破坏区深度呈减小趋势，顶板减小约 27.3%，实体煤帮减小约 26.9%，底板的塑性破坏区变化很小。由此可见，当锚索长度等于 8m 时，锚梁桁架能较好地控制实体煤帮和顶板的塑性破坏区，在控制顶板塑性破坏区方面效果明显。当锚索长度由 8m 变到 9m 时，实体煤帮和顶板的塑性破坏区均有增大的趋势，实体煤帮增加约 15.8%，顶板的塑性破坏区增加了 11.1%。因此，锚索长度等于 8m 时，实体煤帮和顶板的塑性破坏区最小，从而最有利于巷道围岩的维护。

表 7-6　不同锚索长度时巷道围岩塑性破坏区深度

长度/m	顶板破坏深度/m	实体煤帮破坏深度/m	底板破坏深度/m
6	3.3	2.6	1.8
7	2.9	2.3	1.6
8	2.4	1.9	1.5
9	2.7	2.2	1.6

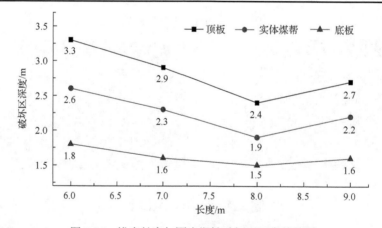

图 7-24　锚索长度与围岩塑性破坏区深度的关系

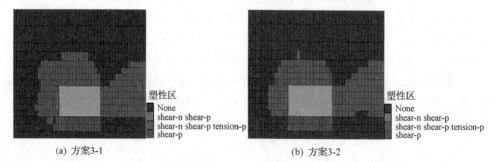

(a) 方案3-1　　　　　　　　　　　　(b) 方案3-2

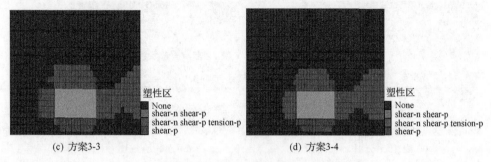

(c) 方案3-3　　　　　　　　　　　　　　(d) 方案3-4

图 7-25　不同方案围岩破坏深度图

6) 巷道围岩变形特征与锚梁桁架跨度的关系

　　锚梁桁架参数的变化引起对顶板不同的支护效果是锚梁桁架支护机理研究的基础和主要内容之一。一些学者对锚梁桁架的参数进行过研究，但对锚梁桁架中锚索跨度的研究却很少。本节对锚梁桁架跨度进行了数值模拟，力求最佳的跨距。本部分共建立四个模型，分别模拟了锚梁桁架跨度为 1.2m、1.4m、1.6m、1.8m。巷道围岩变形量如表 7-7 和图 7-26 所示。锚梁桁架跨度为 1.2m、1.4m、1.6m、1.8m 时围岩变形特征如图 7-27～图 7-30 所示。

表 7-7　不同锚梁桁架跨度时巷道围岩收敛量

跨度/m	顶板收敛值/mm	实体煤帮收敛值/mm	煤柱帮收敛值/mm	底板收敛值/mm
1.2	179.4	177.4	196.8	139.4
1.4	129.4	148.6	163.2	132.2
1.6	90.4	131.6	113.6	116.4
1.8	127.0	158.6	160.2	130.4

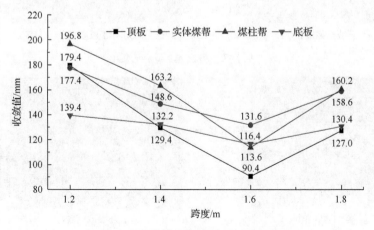

图 7-26　锚梁桁架跨度与围岩变形的关系

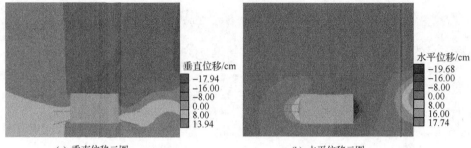

(a) 垂直位移云图　　　　　　　　　(b) 水平位移云图

图 7-27　方案 4-1 位移云图

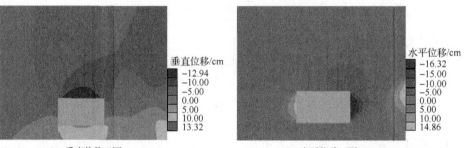

(a) 垂直位移云图　　　　　　　　　(b) 水平位移云图

图 7-28　方案 4-2 位移云图

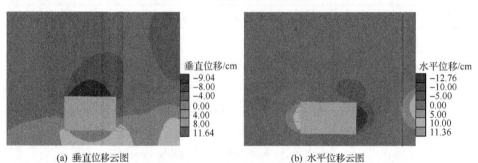

(a) 垂直位移云图　　　　　　　　　(b) 水平位移云图

图 7-29　方案 4-3 位移云图

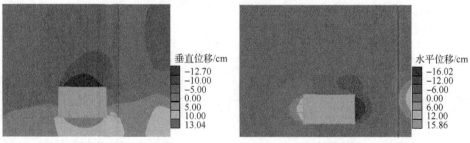

(a) 垂直位移云图　　　　　　　　　(b) 水平位移云图

图 7-30　方案 4-4 位移云图

从表 7-7 和图 7-26 可以看出，当锚梁桁架跨度由 1.2m 增加到 1.6m 时，巷道顶板和两帮变形量变化幅度较大，底板变形量变化幅度较小。因此，锚梁桁架跨度对底臌量影响较小，对巷道两帮和顶板的变形量影响较大。当锚梁桁架跨度由 1.2m 增加到 1.6m 时，两帮移近量逐渐减小，实体煤帮和煤柱帮分别减小了 25.8% 和 42.3%，同时顶板下沉量也减小了 49.3%。由此可见，当锚梁桁架跨度由 1.2m 增加到 1.6m 时，能较好地控制顶板下沉量和两帮移近量。当锚梁桁架跨度由 1.6m 增加到 1.8m 时，两帮移近量和顶板下沉量均有所增加，顶板下沉量增加了 20.1%，实体煤帮和煤柱帮移近量分别增加了 20.5% 和 41.0%。由此可见，当锚梁桁架跨度大于 1.6m 时，随着距离的增加，锚梁桁架体系对顶板和两帮的维护效果变差。

7) 巷道围岩塑性破坏深度发育形态与锚梁桁架跨度的关系

不同距离时对应的巷道各部分塑性破坏区深度图如表 7-8 和图 7-31 所示。锚梁桁架跨度为 1.2m、1.4m、1.6m、1.8m 时，巷道围岩塑性破坏深度发育形态如图 7-32 所示。

从表 7-8 和图 7-31 可以看出，当锚梁桁架跨度为 1.2m 增加至 1.6m 时，巷道中顶板、实体煤帮和煤柱帮的塑性破坏深度呈减小的趋势，顶板减小约 20.7%，实体煤帮减小约 25.0%，底板的塑性破坏区变化很小。由此可见，当锚梁桁架跨

表 7-8　不同锚梁桁架跨度时巷道围岩塑性破坏深度

跨度/m	顶板破坏深度/m	实体煤帮破坏深度/m	底板破坏深度/m
1.2	2.9	2.4	1.6
1.4	2.6	2.1	1.3
1.6	2.3	1.8	1.2
1.8	2.7	2.2	1.3

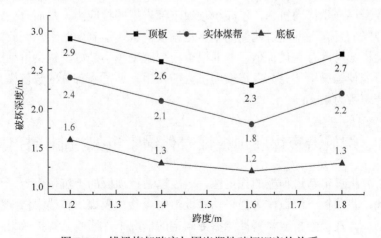

图 7-31　锚梁桁架跨度与围岩塑性破坏深度的关系

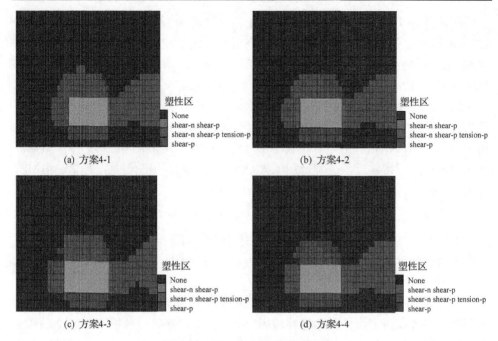

(a) 方案4-1   (b) 方案4-2

(c) 方案4-3   (d) 方案4-4

图 7-32　不同方案围岩破坏深度图

度为 1.6m 时，锚梁桁架能较好地控制两帮和顶板的塑性破坏区，在控制顶板塑性破坏区方面效果明显。当锚梁桁架跨度由 1.6m 增加到 1.8m 时，两帮和顶板的塑性破坏区深度均有增大的趋势，实体煤帮增加约 16.7%，煤柱帮增加约 11.5%，顶板的塑性破坏区深度增加了 17.4%。因此，锚梁桁架跨度等于 1.6m 时，巷道两帮和顶板的塑性破坏区深度最小，从而最有利于巷道围岩塑性破坏的维护。

　　通过数值模拟可以得出以下结论：锚梁桁架除了对顶板岩层起到兜吊作用，还对顶板岩层产生横向抗力，以减少顶板下部岩层的拉应力，从而有效地抑制顶板纵向裂隙的发育，并通过两侧的锚索将顶板荷载传递到两帮上。因此，锚梁桁架中锚梁桁架跨度存在最优值，并非锚梁桁架跨度越小越好，锚梁桁架跨度或大或小均不能使锚梁桁架充分发挥横向抗力的作用。通过本部分的数值模拟计算，认为最佳跨距为 1.6m。

7.3　综放沿空煤巷顶板煤岩体锚索桁架控制指标体系

　　通常分析评价巷道顶板的稳定性，一般以巷道顶板的下沉量作为一个重要依据。在此，将顶板下沉量作为强采动综放沿空煤巷顶板煤岩体锚索桁架控制指标体系的指标。在锚索桁架材料性能参数固定的情况下，影响其支护效果主要因素为锚索角度、偏心距、锚索长度和桁架跨度。现以这四个因素为基础，采用正交试验和层次分析法构建王家岭矿强采动综放沿空煤巷顶板煤岩体锚索桁架控制指标体系。

7.3.1　方案设计

正交试验作为一种效率高、快速简便的试验设计方法，具有均匀分布、数据分散、组别整齐、便于比较等优点。正交试验设计是基于正交性原理从全部组别的试验中挑选出一部分具有代表性的组别进行试验的试验设计。作为分式析因的主要设计方法之一，正交试验法越来越多地被应用于工程与社会实践领域。

根据王家岭煤矿现场条件，对各因素的试验值进行划分，如表 7-9 所示。

表 7-9　影响因素参数选取

影响因素	锚索角度/(°)	偏心距/mm	锚索长度/m	桁架跨度/m
1	55	200	6	1.2
2	65	300	7	1.4
3	75	400	8	1.6
4	85	500	9	1.8

此次正交试验可以按照四因素四水平的条件进行设计。考虑到四因素之间没有交互影响作用，应用正交试验设计助手软件，采用 $L_{16}(4^4)$ 表格进行正交试验。

采用 FLAC^{3D} 软件模拟在不同组合影响因素下直接顶的下沉量，以此作为强采动综放沿空煤巷顶板煤岩体锚索桁架控制体系的表征指标，结果如表 7-10 所示。

表 7-10　正交试验方案设计

序号	锚索角度/(°)	偏心距/mm	锚索长度/m	跨度/m	顶板下沉量/mm
1	65	300	7	1.4	126.3
2	85	300	8	1.2	140.2
3	65	200	8	1.8	117.8
4	75	400	8	1.6	94.05
5	55	200	6	1.2	166.6
6	85	200	7	1.6	134.05
7	55	400	7	1.8	134.35
8	75	200	9	1.4	112.85
9	75	500	7	1.2	135.275
10	75	300	6	1.8	130.25
11	85	400	6	1.4	143.65
12	55	300	9	1.6	118.15
13	55	500	8	1.4	129.925
14	65	400	9	1.2	120.65

序号	锚索角度/(°)	偏心距/mm	锚索长度/m	跨度/m	顶板下沉量/mm
15	85	500	9	1.8	127.925
16	65	500	6	1.6	127.475
K_1	549.025	531.3	567.975	562.725	
K_2	492.225	514.9	529.975	512.725	2059.5
K_3	472.425	492.7	481.975	473.725	
K_4	545.825	520.6	479.575	510.325	
极差值	76.6	38.6	88.4	89	

各因素水平与对应顶板下沉量之和关系如图 7-33 所示。一般情况下，在正交试验分析时不考虑因素间的交互作用，各因素水平的影响值变化越大，说明该因素的影响程度越大，通过极差分析可以得到各因素的影响程度，即

$$R_j = \max\left(k_{1j}, k_{2j}, k_{3j}, k_{4j}\right) - \min\left(k_{1j}, k_{2j}, k_{3j}, k_{4j}\right) \tag{7-18}$$

式中，R_j 为第 j 列各因素水平的端面顶板直接顶下沉量之和的极差值；k_{ij} 为影响因素 j 的第 i 水平所在组别试验结果的表征量之和，在这里表征量即为顶板下沉量。

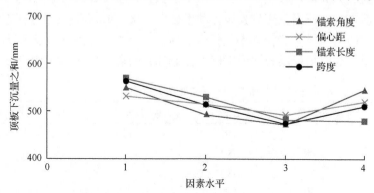

图 7-33　各因素水平与对应顶板下沉量之和关系图

其中，R_1 =76.6，R_2 =38.5，R_3 =88.4，R_4 =89，即 $R_4 > R_3 > R_1 > R_2$，因此顶板下沉量影响因素的重要性排序为：跨度＞锚索长度＞锚索角度＞偏心距。

7.3.2　权重分析

层次分析法(analytic hierarchy process，AHP)是一种进行定性定量的决策方法。该方法是将做出决策时有关的因素进行分解，分解为目标、准则等层次，在此基础之上进行决策分析。采用层次分析法分析确定锚索桁架控制指标体系各因素的权重是可行的。

1. 构造判断矩阵

将第 i 因素和第 j 因素的重要程度的比值划分为九个等级，并为每个等级赋值，如表 7-11 所示。由两两对比的结果所构成及矩阵即为判断矩阵。

表 7-11　层次分析法重要性等级评定

标度	含义
1	含义为两个因素之间比较，具有同等重要性
3	含义为两个因素之间比较，一个因素比另一个因素略微重要
5	含义为两个因素之间比较，一个因素比另一个因素显著重要
7	含义为两个因素之间比较，一个因素比另一个因素特别重要
9	含义为两个因素之间比较，一个因素比另一个因素极为重要
2，4，6，8	含义为两个相邻判断的中间取值
倒数	因素 i 与 j 比较的判断 a_{ij}，即因素 j 与 i 比较判断为 $a_{ji}=1/a_{ij}$

在进行重要性等级赋值判断时，利用四个影响因素对应的四个水平之和的极差值作比，进行判断，可参照表 7-12 进行赋值。

表 7-12　重要性等级赋值依据

赋值	1~1.5	1.5~2.0	2.0~2.5	2.5~3.0	3.0~3.5	3.5~4.0	4.0~4.5	4.5~5.0	>5.0
标度	1	2	3	4	5	6	7	8	9

根据表 7-12 对因素的重要等级进行赋值，得到影响因素之间的对比矩阵 A：

$$A = \begin{bmatrix} 1 & 2 & 1 & 1 \\ 1/2 & 1 & 1/3 & 1/3 \\ 1 & 3 & 1 & 1 \\ 1 & 3 & 1 & 1 \end{bmatrix} \tag{7-19}$$

2. 计算矩阵特征向量和指标权重

对 A 矩阵各列进行归一化处理得到矩阵 B：

$$B = \begin{bmatrix} 0.285 & 0.223 & 0.3 & 0.3 \\ 0.143 & 0.111 & 0.1 & 0.1 \\ 0.286 & 0.333 & 0.3 & 0.3 \\ 0.286 & 0.333 & 0.3 & 0.3 \end{bmatrix} \tag{7-20}$$

通过对各行进行求和得到矩阵 $\boldsymbol{B}$ 的特征向量：

$$\boldsymbol{B}_j = [1.1 \quad 0.46 \quad 1.22 \quad 1.22]^T \tag{7-21}$$

对其进行归一化处理得到各个影响因素的权重：

$$\boldsymbol{w} = [0.275 \quad 0.115 \quad 0.305 \quad 0.305]^T \tag{7-22}$$

即锚索角度对顶板下沉量影响的权重为 27.5%，偏心距对顶板下沉量影响的权重为 11.5%，锚索长度对顶板下沉量影响的权重为 30.5%，桁架跨度对顶板下沉量影响的权重为 30.5%。

7.3.3　指标体系构建

在确定了影响顶板稳定性因素的权重之后，需要提出顶板下沉量预测公式以构建锚索桁架控制指标体系。直接顶顶板下沉量预测可通过式(7-23)进行计算：

$$Y = \sum_{i=0}^{4} w_i Y_i \tag{7-23}$$

式中，Y 为顶板下沉量；w_i 为第 i 个影响因素的权重；Y_i 为第 i 个影响因素值为 x_i 时相对应的顶板下沉量，$Y_i = f(x_i)$，其数值的确定根据相应影响因素对应的表达式求得。

根据 16 组设计模拟方案得出的顶板下沉量结果，前面所得不同影响因素各个水平的顶板下沉量为四组数据之和，所以取各影响因素四个水平与其所对应的四组顶板下沉量的平均值，进行曲线拟合分析研究，数据如表 7-13 所示。

表 7-13　各影响因素不同水平与对应顶板下沉量

影响因素	锚索角度/(°)	偏心距/mm	锚索长度/m	桁架跨度/m
$\overline{K_1}$	137.26	132.83	141.00	140.68
$\overline{K_2}$	123.06	128.73	132.50	128.18
$\overline{K_3}$	118.11	123.18	120.50	118.43
$\overline{K_4}$	136.46	130.15	119.50	127.58

用连续的曲线将平面上离散点组进行拟合，用解析表达式的形式将离散数据表征出来。构造出一个解析表达式 $Y_i = f(x_i)$ 反映 x 与 y 的关系，可以最佳拟合数据组，如图 7-34 所示。

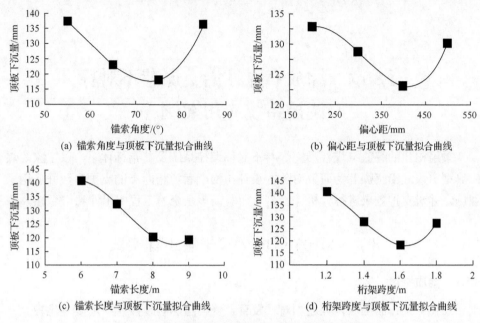

图 7-34　各影响因素与顶板下沉量关系拟合曲线图

由此我们可以构建以顶板下沉量为表征指标的强采动综放沿空煤巷顶板煤岩体锚索桁架控制指标体系，各影响因素表达式如表 7-14 所示。

表 7-14　指标体系各影响因素表达式

影响因素	权重 w_i	曲线表达式 $Y_i = f(x_i)$	拟合区间
锚索角度	0.275	$Y_1=0.0023x^3-0.4104x^2+22.476x-247.16$	[55°, 65°]
偏心距	0.115	$Y_2=2\times10^{-6}x^3-0.0022x^2+0.6006x+80.8$	[200mm, 500mm]
锚索长度	0.305	$Y_3=2.4167x^3-52.5x^2+367.08x-693.5$	[6m, 9m]
桁架跨度	0.305	$Y_4=336.46x^3-1378.7x^2+1813x-630.97$	[1.2m, 1.8m]

参 考 文 献

[1] 康红普, 林健, 吴拥政. 全断面高预应力强力锚索支护技术及其在动压巷道中的应用[J]. 煤炭学报, 2009, 34(9): 1153-1159.

[2] 严红, 何富连, 韩红强, 等. 等面弱结构双支护在高支承应力煤巷中的应用[J]. 煤炭技术, 2010, 29(10): 63-65.

[3] 何富连, 严红, 杨绿刚, 等. 淋水碎裂顶板煤巷锚固试验研究与实践[J]. 岩土力学, 2011, 32(9): 2591-2595.

第8章　综放窄煤柱沿空煤巷不对称调控系统应用案例

采用构建的综放窄煤柱沿空煤巷不对称调控系统及其指标体系，以王家岭煤矿典型窄煤柱沿空煤巷为研究对象，设计与沿空巷道相匹配的支护参数并应用于现场，并对支护效果进行分析评价，从而验证该系统的工程实用性和可靠性。

8.1　20103 区段运输平巷工程实践

8.1.1　地质概况

20103 工作面区域内构造相对较发育，受构造影响地段煤层厚度变化较大，钻孔揭露煤层厚度 6.03～8.50m，平均厚度 6.21m，实践地点位于 20103 区段运输平巷(图 8-1)。

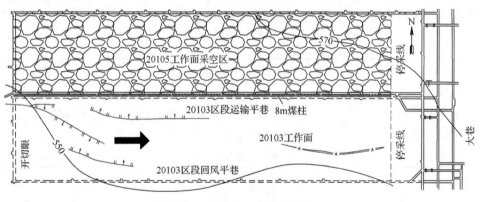

图 8-1　20103 工作面布置图

8.1.2　支护参数设计

20103 区段运输平巷为矩形断面，规格为 5600mm×3550mm(宽×高)，具体支护形式与参数如图 8-2 所示。

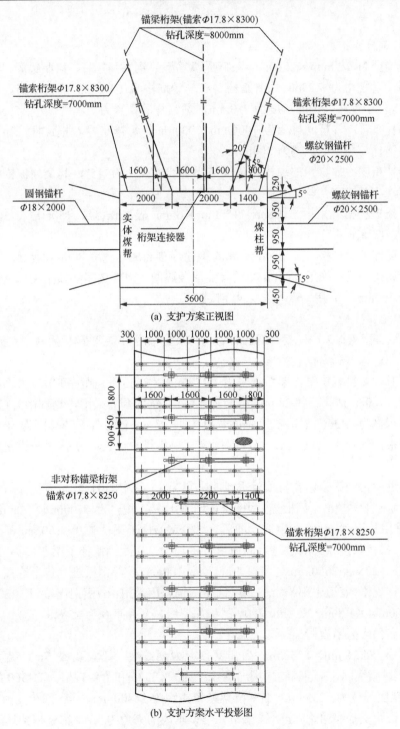

(a) 支护方案正视图

(b) 支护方案水平投影图

图 8-2 20103 区段运输平巷支护方案(单位:mm)

1)顶板支护

(1)锚杆支护。

顶锚杆为 $\Phi20mm×2500mm$ 左旋无纵筋螺纹钢高强锚杆，树脂锚固，每根锚杆使用一卷规格为 Z2360 的树脂药卷和一卷规格为 CK2335 的树脂药卷锚固，CK2335 位于孔底，锚固长度为 950mm，顶锚杆的预紧力矩不得低于 150N·m。

锚杆布置：锚杆间排距为 1000mm×900mm，每排布置 6 根锚杆，靠煤帮的顶板角锚杆与煤帮的距离为 300mm。

锚杆角度：靠煤帮的顶板角锚杆与铅垂线的夹角为 15°，其余顶板锚杆垂直顶板布置。

钢托板规格：采用 150mm×150mm×6mm 碟形托盘或 150mm×150mm×6mm 的 Q235 钢板。

钢筋梯子梁规格：采用 $\Phi14mm$ 的钢筋焊接而成，宽度 80mm，长度 5.3m。

金属网规格：采用 $\Phi6mm$ 冷拔丝菱形金属网，网片之间必须搭接，搭接长度不小于 100mm，并用 16#铁丝双股连接。

(2)锚索支护。

顶板锚索支护为"非对称多锚索钢梁桁架+高预应力锚索桁架"的联合支护方式。

①非对称多锚索钢梁桁架。

非对称多锚索钢梁桁架系统采用 $\Phi17.8mm×8250mm$ 高强度预应力钢绞线，锚索孔深 8.0m，钻孔直径 28mm，树脂加长锚固，锚固药卷采用一卷规格为 CK2335 和两卷规格为 Z2360 树脂药卷，锚固长度为 1235mm。该桁架系统排距为 1800mm，每排三根，间距为 1500mm，煤柱帮侧锚索距巷帮 800mm，实体煤帮锚索距巷帮 1800mm。

靠近两帮的锚索钻孔与顶板垂线的夹角为 15°，中间的锚索垂直顶板布置。

钢筋梯子梁规格：三根锚索用钢筋梯子梁连接，规格为 3700mm×70mm（长×宽），采用整根 $\Phi16mm$ 的钢筋弯曲后，对距钢筋梯子梁端头 0～150mm 范围内的搭接处（搭接长度 150mm）进行高质量焊接加工，在距钢筋梯子梁左端头 1050～1150mm、2550～2650mm 处用厚 4mm、宽 100mm 的薄钢板进行包裹连接。

槽钢规格：巷道中部锚索和靠煤柱帮侧锚索用采用 16#槽钢连接，长 2200mm，配合 300mm×120mm×16mm 的厚钢垫片使用，开孔直径为 25mm。

②高预应力锚索桁架。

采用 $\Phi17.8mm×8250mm$ 高强度预应力钢绞线，锚索孔深 7m，钻孔直径 28mm，树脂锚固，锚固药卷采用一卷规格为 CK2335 和两卷规格为 Z2360 的树脂药卷，锚固长度为 1235mm。锚索桁架系统排距为 14400mm，其底部跨度为 2.1m，锚索孔口距支护煤帮 1.75m，锚索钻孔与铅垂线的夹角为 15°。锚索桁架送入钻孔后，采用专用锚索桁架连接器连接完成并使用配套的锁具锁紧后，过 1h 用张拉千斤顶张拉至额定预紧力 140kN。

2) 实体煤帮支护

锚杆型号：选用 Φ18mm×2000mm 圆钢锚杆，每根锚杆使用一卷规格为 Z2360 的树脂药卷。

锚杆布置：一排布置 4 根锚杆，锚杆间排距 950mm×900mm，上部锚杆距顶板 250mm，底部锚杆距底板 450mm。

锚杆角度：靠近顶板处锚杆向上倾斜 15°，靠近底板处锚杆向下倾斜 15°，其余垂直巷帮布置。

托盘规格：锚杆托盘规格为 150mm×150mm×6mm 的碟形托盘。

金属网规格：采用高强菱形金属网。

钢筋梯子梁规格：采用 Φ10mm 圆钢焊制的钢筋梁，长度为 3250mm。

3) 煤柱帮支护

锚杆型号：选用 Φ20mm×2500mm 螺纹钢锚杆，每根锚杆使用一卷规格为 Z2360 的树脂药卷和一卷规格为 CK2335 的树脂药卷，CK2335 树脂药卷位于孔底。

锚杆布置：一排布置 4 根锚杆，锚杆间排距 950mm×900mm，上部锚杆距顶板 250mm，底部锚杆距底板 450mm。

锚杆角度：靠近顶板处锚杆向上倾斜 15°，靠近底板处锚杆向下倾斜 15°，其余锚杆垂直巷帮布置。

托盘规格：锚杆托盘规格为 150mm×150mm×6mm 的碟形托盘。

金属网规格：采用高强菱形金属网。

钢筋梯子梁规格：采用 Φ10mm 圆钢焊制的钢筋梁，长度 3250mm。

8.1.3　效果分析

为验证 20103 工作面区段运输平巷非对称支护设计方案的控制效果，研究支护参数的合理性与适用性，在 20103 工作面区段运输平巷设置相应的测站，对围岩表面位移、顶板离层状况进行观测。

1. 矿压观测方法

为了观测 20103 工作面区段回风平巷矿压显现规律和特征，全面了解支护系统的工作状态，验证加强支护设计方案的控制效果，需设置相应的测站，对围岩表面位移、顶板离层状况进行观测。其观测内容、目的及手段如表 8-1 所示。

1) 测站布置

在 20103 工作面区段运输平巷段选取 60m 距离作为矿压观测区段，每隔 20m 设一个测站，设四个测站，第一测站距工作面距离为 50m，测站布置如图 8-3 所示。

表 8-1　观测内容、目的及手段

序号	观测内容	观测目的	测试手段
1	巷道表面位移	观测巷道相对变形量,从而判定巷道稳定性	激光测距仪
2	顶板离层	观测顶板稳定状况,及时采取安全措施	离层指示仪

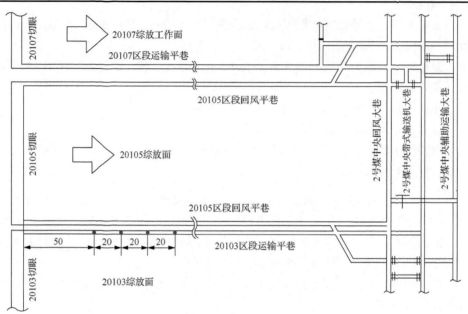

图 8-3　20103 巷道围岩表面位移和顶板离层观测测站布置图(单位:m)

2) 观测方法

(1) 巷道围岩表面位移。

采用十字布点法安设表面位移观测断面,详见图 8-4。如图 8-4 所示,在巷道围岩上采用喷漆涂抹标志 A、B、C、D 点,保证顶底板垂直方向 AB 在同一竖直线上,两帮水平方向 CD 在同一水平直线上。采用激光测距仪测量各点距离,激光测距仪如图 8-5 所示。

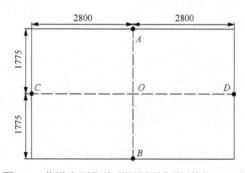

图 8-4　巷道表面位移观测断面布置(单位:mm)

图 8-5　CBL-II 型激光测距仪

观测方法：利用 CBL-II 激光测距仪分别测量 *AB*、*CD* 之间的具体数值，测量精度要求达到 1mm。

测量频度：距工作面 80m 以外每两天观测一次，距工作面 80m 以内每天观测一次。

(2) 顶板离层。

每个测站各安设 1 个 GUD300 数显型顶板离层仪，总计安设三个顶板离层指示仪，具体顶板离层仪安装位置如表 8-2 所示。采用顶板离层指示仪测试顶板岩层锚固范围内外位移值和判断顶板离层情况。GUD300 数显型顶板离层仪如图 8-6 所示。

表 8-2　顶板离层仪安装位置　　　　　　　　　　（单位：m）

基点类型	测站 1	测站 2	测站 3
深基点深度	7.8	7.5	7.5
浅基点深度	2.4	2.3	2.3

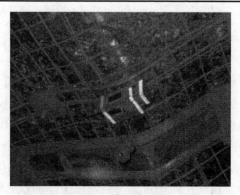

图 8-6　GUD300 数显型顶板离层仪

观测频度：距工作面 80m 以外每两天观测一次，距工作面 80m 以内每天观测一次。

2. 观测结果及分析

1) 巷道表面位移

矿压实测发现非对称支护形式下巷道围岩变形量并不大，两帮对采动影响较敏感，顶板控制效果则较好，巷道变形总体趋势为两帮移近量大于顶底板位移量，具体各测点围岩变形如图 8-7 所示。现对各测站围岩变形情况分析如下。

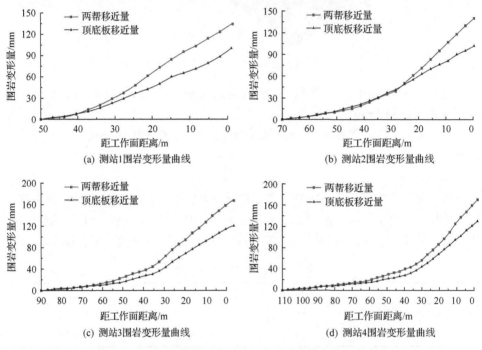

图 8-7　20103 工作面区段运输平巷试验段围岩变形量曲线

(1) 图 8-7(a) 为测站 1 表面围岩变形曲线。测站 1 安设位置距切眼 50m 处，由图 8-7(a) 可知，工作面初采时对巷道围岩变形有一定的影响，但影响较小。工作面推进过程中，围岩在工作面前方 30m 处围岩开始有明显变形，且两帮变形速率大于顶底板，帮部对采动的敏感性较顶底板强。巷道顶底板移近量、移近速度，两帮移近量、移近速度均随距工作面距离的减小而增加，但增长趋势较缓，其中两帮移近速率最大不超过 11mm/d，两帮最大移近速率不超过 8mm/d。至工作面推至测站附近，顶板最大下沉量约为 93mm，两帮最大移近量约为 130mm，均在安全范围之内。此外，由图中数据可知，当距离工作面较远时，围岩变形幅度未出现大的变化，工作面采动影响并不明显。

(2) 图 8-7(b) 为测站 2 围岩变形曲线。测站 2 安设位置距切眼 70m，由图 8-7(b) 可知，工作面初采对测站 2 围岩变形影响程度较测站 1 表面围岩变形弱。在工作面推进过程中，采动对两帮造成的影响大于顶底板，且随着工作面的推进二者差值逐渐增加。顶板周期来压期间测站顶底板移近量并未明显增长，测站服务过程中两帮移近量最大不超过 12mm/d，顶底板移近不超过 9mm/d。至工作面推至测站附近，顶板累计变形量为 98mm，两帮累计变形量为 132mm，变形速率与变形量均在安全范围之内。同测站 1 一样，测站 2 围岩变形受工作面采动的影响也不大。

(3)图 8-7(c)为测站 3 围岩变形曲线。测站 3 安设位置距切眼 90m，测站 3 距工作面前方 50m 时，围岩变形基本不受采动影响，围岩变形呈现缓慢增长趋势，曲线没有太大波动。工作面至距测站 35m 时围岩变形开始有显著增长，此时测站受采动影响较为剧烈，呈现快速增长趋势，且两帮变形速度及变形量均大于顶底板，但围岩总体移近量并不大，尤其就顶底板移近量而言保持一个相对较小值。至工作面推至测站，巷道顶板累计下沉量为 115mm，两帮累计移近量为 160mm，巷道变形量在安全范围之内。

(4)图 8-7(d)为测站 4 围岩变形曲线。测站 4 距切眼 110m，在工作面推进过程中测站 4 围岩变形趋势与测站 3 变形趋势相近，采动影响前巷道围岩变形呈小幅增长，且帮部对采动的敏感性大于顶底板，由于测站 4 服务的时间相对较长，其围岩移近量也较大，至工作面推至测站处，顶板累计下沉量 165mm，两帮累计移近量 122mm，均在安全范围之内。

由上述分析可知，在工作面推进过程中，20103 工作面区段运输平巷受采动过程中围岩变形量并不大，两帮对采动影响较敏感，但两帮变形速度及围岩变形量都在安全范围之内，不会给矿井生产带来影响。顶底板在受采动影响条件呈现缓慢增加趋势，基本不受采动影响。总体来说，非对称支护下巷道围岩变形量较小，且巷道围岩变形对采动影响敏感性减弱。

2)顶板离层

20103 工作面区段运输平巷各测站顶板离层监测数据显示各测站离层值基本为零，顶板最大离层量不超过 3mm，20103 工作面区段运输平巷在工作采动作用下基本无离层现象，巷道维护状态比较稳定。

3. 20103 工作面煤柱钻孔应力测试及超前支承压力研究

1)强采动煤巷煤柱应力特点

20103 区段运输平巷不仅受掘巷及上区段采空区不稳定覆岩剧烈运动的影响，还要经受本区段工作面采动所引起的超前支承压力的影响，煤柱的应力始终处于调整状态，而煤柱应力分布特征作为煤柱留设的重要依据，对支护参数的设计及巷道围岩稳定具有重要意义，且其相对常规回采巷道而言，煤柱应力具有其自身特点。

(1)强采动条件下煤柱应力的波动。巷道开挖后,巷道周边围岩应力重新分布,煤柱靠近巷道浅部围岩出现破坏,应力迅速降低,支承压力向煤柱深部转移,直至平衡。而上区段不稳定覆岩的运动在时间及空间上是一个长期大范围的过程,导致围岩应力的调整时间更久,空间更大,从而使煤柱塑性区的宽度较一般巷道更大,其应力的波动状态很大程度上决定了煤柱的稳定性。

(2)煤柱对应力的变化更加敏感,支承应力对煤柱影响的范围也更广。煤柱在未受采动影响时,很容易处于一个相对稳定的状态,一次强采动的影响使煤柱的塑性区范围变大,围岩承载结构远离巷道周边。受二次强采动影响,处于不稳定平衡状态下的煤柱对应力扰动更敏感,应力在距离煤壁较远处即开始进行调整,且调整范围和幅度也比较剧烈。

2)测站布置

20103 区段运输平巷煤柱内支承压力监测共布置两个测站,测站 1 距离开切眼 50m,测站 2 距开切眼 100m,两分站间距 50m,每个测站布置七个钻孔应力传感器,钻孔深度分布为 1m、2m、3m、4m、5m、6m 和 7m,于巷帮中部并排打孔,距底板为 1.5m,孔径 45mm,钻孔间距为 2m,共布置 14 个测点。

3)观测结果分析

图 8-8 为测站 1 和测站 2 钻孔深度为 4m 时,钻孔应力值随工作面推进距离变化情况。由图 8-8 可知,测站 1 钻孔应力初始读数为 7.5MPa,距离工作面 40m 时应力计的读数开始增加,距工作面 14.8m 时,达到支承应力峰值 23.7MPa,超前采动应力集中系数为 2.48。测站 2 钻孔应力初始读数为 7.5MPa,距离工作面 38m 时应力计的读数开始增加,距工作面 12.6m 时,达到支承应力峰值 22.9MPa,应力集中系数为 2.49。受强采动影响煤柱支承压力分布的范围较大,应力集中系数也有所增加,强采动条件下煤柱应力对采动更加敏感。

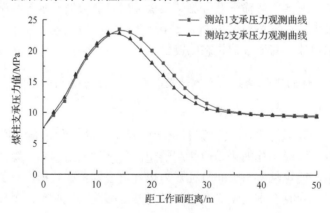

图 8-8　钻孔应力值随工作面推进距离变化规律

4. 20103 采动煤巷顶板破坏情况钻孔窥视

顶部采用锚索机钻孔，钻孔直径 32mm，钻孔设计深度 10m，共施工两个钻孔，编号为 I 和 II：①钻孔距离实体煤帮侧 1.0m，钻孔角度与水平方向夹角为 90°即垂直向上布置；②钻孔距离煤柱侧 1.0m，钻孔也是垂直向上布置。

为了保证窥视的深度和效果，钻孔在施工完成后反复用水冲洗钻孔，将岩粉排净，防止岩粉挡住 CCD 探头。

1）观测记录

在采用钻孔窥视仪观测围岩内部破坏情况时，采用前进式，即一边慢慢突进摄像头，一边记录围岩的破坏情况，当观测到孔内围岩的破坏或裂隙时，记录下围岩破裂的深度破坏程度，并且记录下视频拍摄时间，这样能够将围岩破坏的深度、破坏程度和形式与记录的视频文件对应起来。表 8-3 和表 8-4 分别为钻孔 I 和钻孔 II 内破坏观测记录。

2）钻孔窥视图像

为进一步明确说明钻孔窥视的观测成果，对岩层内部结构形成更加直观的认识，提取了部分孔内视频图像，如图 8-9 和图 8-10 所示。

表 8-3　钻孔 I 内破坏观测记录

序列	时间	深度/m	围岩破坏程度
1	00:01~00:05	0~0.5	非常破碎
2	00:05~00:27	0.5~0.6	明显裂缝
3	00:27~00:40	0.6~1.0	轻度破碎
4	02:43~02:51	1.0~1.2	明显裂缝
5	02:53~03:10	1.2~2.0	轻度破碎
6	03:19~03:28	2.0~2.6	轻度破碎
7	03:28~04:08	2.6~3.6	轻微裂缝
8	04:10	3.7	轻微裂缝
9	04:12~04:52	3.7~4.7	轻微裂缝
10	04:53~05:18	4.8~5.4	较完整
11	05:20~05:54	5.5~6.4	较完整
12	05:55~06:28	6.7~7.6	较完整
13	06:29~07:02	7.6~8.6	轻微裂缝
14	07:03~07:27	8.6~9.3	较完整
15	07:27~07:42	9.3~9.9	较完整

表 8-4　钻孔 Ⅱ 内破坏观测记录

序列	时间	深度/m	围岩破坏程度
1	00:01～00:04	0～0.2	非常破碎
2	00:05～00:23	0.5～0.7	中等破碎
3	00:29～00:42	0.8～1.0	明显裂缝
4	02:45～02:49	1.0～1.2	轻度破碎
5	02:51～03:02	1.2～2	轻度破碎
6	03:08～03:28	2～2.6	中等破碎
7	03:31～04:10	2.5～3.6	轻度破碎
8	04:18	3.7	轻度破碎
9	04:20～04:53	3.7～4.7	轻度破碎
10	04:55～05:21	4.7～5.4	中度破碎
11	05:22～05:55	5.5～6.4	轻微裂缝
12	05:59～06:41	6.7～7.6	较完整
13	06:42～07:08	7.6～8.6	轻微裂缝
14	07:09～07:28	8.6～9.3	较完整
15	07:31～07:52	9.4～9.9	较完整

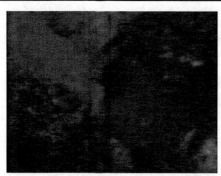

(a) 0.4m出煤层，孔壁破碎

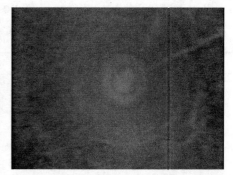

(b) 3.3m砂质泥岩，轻微裂缝

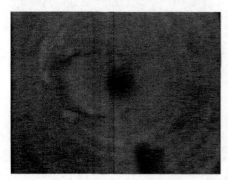

(c) 4.7m细砂岩，含有小型裂缝

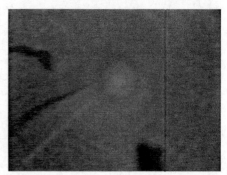

(d) 6.8m细砂岩，孔壁完整

图 8-9　钻孔 Ⅰ 视频截图

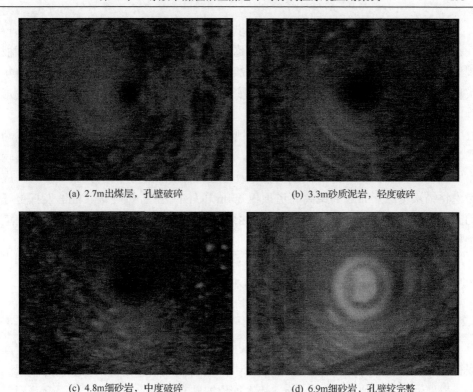

(a) 2.7m出煤层，孔壁破碎   (b) 3.3m砂质泥岩，轻度破碎

(c) 4.8m细砂岩，中度破碎   (d) 6.9m细砂岩，孔壁较完整

图 8-10　钻孔Ⅱ视频截图

3) 观测结果分析

由于 20103 区段运输巷道顶部有平均厚度为 2.6m 的煤层，由于煤层本身强度较低，节理较发育，故钻孔Ⅰ和钻孔Ⅱ窥视结果显示该范围内煤层大都为破碎状态。要得知 2 号煤层直接顶的变形破坏情况，就需分析钻孔深度 2.6m 以上的窥视结果。

钻孔Ⅰ位于 20103 区段运输平巷巷道断面顶部偏向实体煤一侧，距离实体煤侧 750mm，钻孔深度 10m，钻孔施工方向与铅垂方向呈 20°夹角，实际窥视深度 9.9m。由表 8-3 及图 8-9 得知，钻孔深度 2.6～4.7m 及 7.6～8.6m 范围内围岩除有少量小型裂缝发育外，大部分围岩保持相对完整的结构；钻孔深度在 4.6m 以后，窥视结果显示巷道围岩结构完整性较好。

钻孔Ⅱ位于 20103 区段运输平巷巷道断面顶部偏向煤柱一侧，距离煤柱侧 750mm，钻孔深度 10m，钻孔施工方向与铅垂方向呈 20°夹角，与钻孔Ⅰ相对于巷道中轴线对称布置，实际窥视深度 9.9m。由表 8-4 及图 8-10 得知，钻孔深度 0.6～1.0m 及 4.7～5.4m 范围内围岩裂隙发程度高，局部呈现轻度或者中度破碎的状态；钻孔深度在 5.6～6.4m 及 7.6～8.6m 以后，窥视结果显示巷道围岩发育有少量的裂隙发育；钻孔深度超过 6.4m 以后，围岩结构较完整。

　　根据上述钻孔窥视结果可进行进一步分析可知，强采动煤巷顶板围岩变形特征在沿巷道中轴线两侧呈现出明显不对称性。这种不对称性主要体现为巷道顶板围岩不同的破坏深度以及相同顶板围岩深度不同变形程度的不对称，而且随着从实体煤侧向煤柱侧转移，巷道顶板围岩变形深度不断加大以及相同深度围岩变形程度不断加重。

　　从钻孔窥视结果同样可知，在巷道顶板 6m 范围内的围岩都会由于受到采动影响发生不同程度的变形甚至直接破坏，但 6m 范围外的顶板围岩受采动影响较小，整体结构较完整。因此，当对强采动煤巷实施锚固点较深的锚索支护时，应考虑将锚索锚固点布置到距离巷道顶板 6.4m 以外的区域，以使锚索能够发挥更好的支护性能，由此可知，20103 巷道锚索桁架控制系统锚索布置深度均超过巷道顶板 6.4m 是合理的。

8.2　20321 回风平巷工程实践

8.2.1　地质概况

　　实践地点位于 20321 回风平巷(图 8-11)，其顶板以上 0～1.9m 为 2 号煤层，煤体完整性相对较好，煤体强度平均值为 11.60MPa，煤体偏软。直接顶为砂质泥岩，岩层强度平均值为 48.44MPa。基本顶为细砂岩，钙质胶结，岩层强度平均值为 58.01MPa。

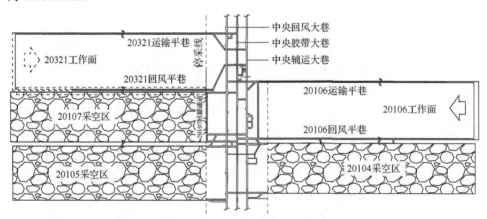

图 8-11　20321 回风平巷位置关系

8.2.2　支护参数设计

　　20321 回风平巷为矩形断面，规格为 5200mm×3600mm(宽×高)，具体支护形式与参数如图 8-12 所示。

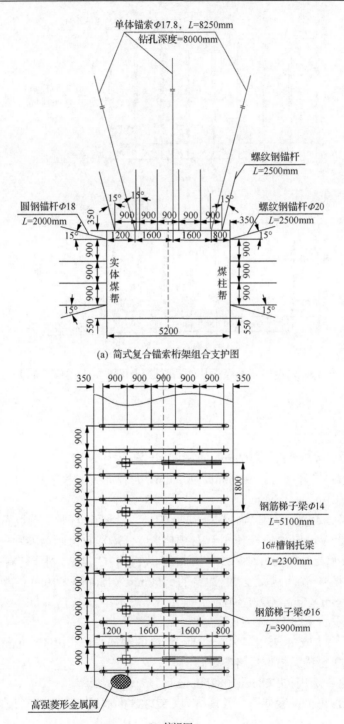

(a) 简式复合锚索桁架组合支护图

(b) 俯视图

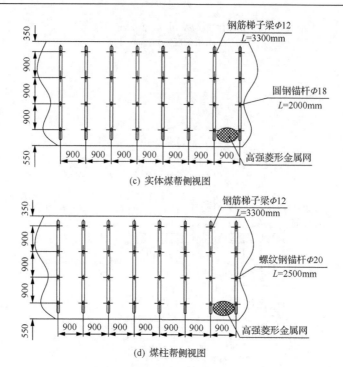

(c) 实体煤帮侧视图

(d) 煤柱帮侧视图

图 8-12　20103 沿空煤巷围岩稳定性控制优化方案(单位：mm)

1. 顶板支护

(1)锚杆规格参数。

锚杆规格：$\Phi20$mm×2500mm 的左旋螺纹钢锚杆。

锚杆布置：锚杆间排距 900mm×900mm，每排布置 6 根锚杆，靠煤帮侧的角锚杆与煤帮的距离为 350mm。

锚杆角度：靠近两帮处锚杆向外侧倾斜 15°，其余锚杆垂直顶板布置。

锚固参数：每根顶锚杆使用一卷规格为 Z2360 的树脂药卷和一卷规格为 CK2335 的树脂药卷，使用时 Z2360 树脂药卷在下，CK2335 树脂药卷在上端。

锚杆托盘规格：满足强度要求的 150mm×150mm×10mm 碟形托盘或 150mm×150mm×6mm Q235 钢板。

金属网规格：采用高强菱形金属网。

钢筋梯子梁规格：采用 $\Phi14$mm 圆钢焊制的钢筋梁，长度 4900mm。

(2)简式复合锚索桁架规格参数。

锚索规格：选用 $\Phi17.8$mm×8250mm(1×7)单体锚索。

锚固参数：每个锚索使用一卷规格为 CK2335 的树脂药卷和两卷规格为 Z2360 的树脂药卷。

简式复合锚索桁架布置：间排距为 1600mm×1800mm，钻孔深度 8000mm，煤柱帮侧锚索距巷帮 800mm。

锚索角度：靠近两帮的锚索钻孔与顶板垂线的夹角为 15°，中间的锚索垂直顶板布置。

钢筋梯子梁规格：三根锚索用钢筋梯子梁连接，规格为 3900mm×70mm（长×宽），采用整根 Φ16mm 的钢筋弯曲后，对距钢筋梯子梁端头 0～150mm 范围内的搭接处（搭接长度 150mm）进行高质量焊接加工；在距钢筋梯子梁左端头 1100～1200mm、2700～2800mm 处用厚 4mm、宽 100mm 的薄钢板进行包裹连接。

槽钢规格：巷道中部锚索和靠煤柱帮侧锚索用采用 16#槽钢连接，长 2300mm，开孔尺寸如图 8-13 所示。

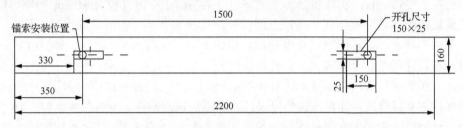

图 8-13　槽钢连接器示意图（单位：mm）

2. 实体煤帮支护

锚杆规格参数如图 8-12(c) 所示。

锚杆型号：选用 Φ18mm×2000mm 圆钢锚杆，每根锚杆使用一卷规格为 Z2360 的树脂药卷。

锚杆布置：一排布置 4 根锚杆，锚杆间排距 900mm×900mm，其中上部锚杆距顶板 350mm，底部锚杆距底板 550mm。

锚杆角度：靠近顶板处锚杆向上倾斜 15°，靠近底板处锚杆向下倾斜 15°，其余垂直巷帮布置。

托盘规格：锚杆托盘规格为 150mm×150mm×10mm 的碟形托盘。

金属网规格：采用高强菱形金属网。

钢筋梯子梁规格：采用 Φ12mm 圆钢焊制的钢筋梁，长度 3300mm。

3. 煤柱帮支护

锚杆规格参数如图 8-12(d) 所示。

锚杆型号：选用 Φ20mm×2500mm 螺纹钢锚杆，每根锚杆使用一卷规格为 Z2360 的树脂药卷和一卷规格为 CK2335 的树脂药卷，CK2335 树脂药卷位于孔底。

锚杆布置：一排布置 4 根锚杆，锚杆间排距 900mm×900mm，上部锚杆距顶板 350mm，底部锚杆距底板 550mm。

　　锚杆角度：靠近顶板处锚杆向上倾斜 15°，靠近底板处锚杆向下倾斜 15°，其余锚杆垂直巷帮布置。

　　托盘规格：锚杆托盘规格为 150mm×150mm×10mm 的碟形托盘。

　　金属网规格：采用高强菱形金属网。

　　钢筋梯子梁规格：采用 Φ12mm 圆钢焊制的钢筋梁，长度 3300mm。

8.2.3　效果分析

　　201321 区段回风平巷掘进期间，0～500m 段巷道顶板由不对称锚索桁架系统控制，效果良好，局部有挤压变形，两帮均采用直径为 20mm 的圆钢锚杆，煤柱侧长度为 2500mm，实体煤帮为 2000mm，钢筋梯子梁由直径为 10mm 的钢筋焊接而成，煤柱帮中央布置一排锚索用以控制煤柱的变形，但两帮均变形量较大，出现网兜现象，煤柱侧锚索并没有起到护帮作用，如图 8-14 所示。500～1250m 段，在煤柱帮增打一排锚索，两排锚索间距 1500mm，从实际效果来看也没有从根本上缓和煤柱帮的挤压变形，详见图 8-15。1250～1370m 段为锚索桁架控制系统优化方案试验段，并在该试验段煤柱帮布置矿压观测站，测站布置如图 8-16 所示。试验段支护效果和煤柱倾向支承压力分布分别如图 8-17 和图 8-18 所示。矿压实测发现非对称支护形式下巷道围岩变形量并不大，两帮对采动影响较敏感，顶板控制效果则较好，巷道变形总体趋势为两帮移近量大于顶底板位移量。

(a) 100m处煤帮挤出　　　　　　　　　　(b) 215m处煤帮变形

(c) 350m处煤柱帮挤出　　　　　　　　　(d) 顶板水平挤压变形

图 8-14　0～500m 段巷道支护效果(煤柱侧单排锚索)

(a) 600m处煤柱帮变形

(b) 1200m处煤柱帮变形

图 8-15 500~1250m 段巷道支护效果(煤柱侧双排锚索)

(a) 1250m试验段起点

(b) 试验段内煤帮控制效果(一)

(c) 矿压观测测站

(d) 试验段内煤帮控制效果(二)

图 8-16 1250~1370m 段巷道试验段支护效果

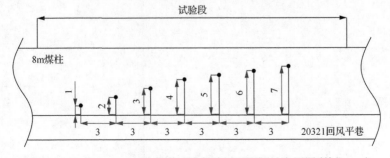

图 8-17 1250~1370m 段巷道试验段矿压观测测站布置图(单位：m)

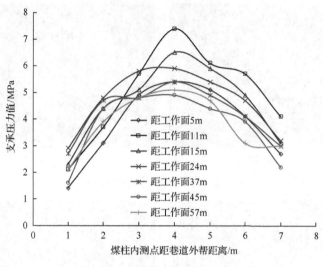

图 8-18　煤柱倾向支承压力分布

现场矿压观测结果表明，煤柱应力随工作面的推进呈由快到慢逐渐上升的过程。在这一过程中，煤柱的应力状态越来越不稳定，且位于多元应力状态，这一状态主要受上一工作面开采后残余侧支承压力和本工作面回采时的前支承压力的双重影响，而前支承压力是动态非线性的。在工作面前方约 11m 处，煤柱内出现了应力峰值，相对应力值为 7.4MPa，此时的支承压力相对系数 k 为 1.5。由图 8-18 中可知，沿煤柱倾斜方向的支承压力在工作面不断推进的过程中，其分布规律曲线从平缓的驼峰向陡峭的驼峰变化。巷道煤柱帮浅部煤体应力随着工作面的不断推进而逐渐降低，而深部煤体应力大致呈逐渐升高状态，直至达到支承压力峰值。对于 20321 综放工作面 8m 宽的护巷煤柱，其支承压力峰值位于距巷道上帮 3.5～4.5m 处，与 20103 区段运输平巷实测煤柱倾向支承压力相比，20321 区段回风平巷所测值相对较大，基本处于同一水平，支承压力分布规律大致相同。